傅培梅的家傳菜

烹飪名師傅培梅家裡最愛吃的菜，傳承三代的好滋味。

不退流行的家傳美味

「飯好嘍！」小時候聽到媽媽一聲呼喊，大家從各自的房間走出來，一一圍著餐桌坐下，爺爺奶奶、爸爸媽媽和我們姊弟三人，三代同堂同桌吃飯的場景，是我心中最溫暖的畫面。

每一餐都要吃得很好、小孩一定要吃早餐、晚餐全家人同桌吃飯，是我們家的規矩；媽媽孝順公婆、重視爸爸，所以菜色多以爺爺奶奶和爸爸喜歡的為主，尤其爸爸想吃的菜，就算再麻煩，媽媽也要端上桌，餐桌上全家人總是談談笑笑，還記得爸爸為愛喝湯的我和妹妹，取了個「大湯王」、「小湯王」的封號。

等我長大了，有時「飯好嘍！」是我喊出來的，而圍坐在家裡餐桌的成員，也隨著我們不同的人生階段，開始有了變化；妹妹美琪 25 歲嫁到美國，我隔年也出嫁，不過幾乎天天回家幫忙，弟弟顯灝娶了慧懿進門，生了下一代，家裡從三代變成四代同堂，還成為媒體報導的佳話。

菜式新試驗　試吃員先嚐

傅培梅的家人在家吃什麼？一直是很多人好奇的問題，其實小時候因為大環境不是那麼富裕，家裡吃的也很普通，和一般北方家庭一樣，爺爺奶奶愛吃麵食，因此日常就以餃子、麵條為主，只有在媽媽要試做新菜時，我們就能當試吃員，因此我們比一般人要早吃到松鼠黃魚、山東燒雞、拔絲香蕉、紅燴豬排等一些少見的菜式，但是等媽媽試驗成功後，我們就只有在請客時才吃得到了。

因為和爺爺奶奶同住，一些親戚朋友常會來家中走動，這時候就會吃得豐富一些，或是當我們過生日請同學來家裡吃飯時，媽媽就會以自助餐的方式做一大堆的中西餐給大家吃，當時自助餐還是很少見的，因此至今還有同學念念不忘在我家吃到的一些菜。

▲大學時代的我到媽媽工作的地方探班，母女倆留下珍貴合影。

▲民國年 60 年代補習班常有日本人組團來台學做菜，我和妹妹美琪（右）擔任助手。

最想念還是媽媽的味道

自從父母相繼辭世，孩子們也都長大到國外求學、做事、定居美國之後，很難一家人再聚在一起吃飯，台灣只剩下弟弟和兒子在身邊，每每有家人從美國回來或聽弟弟說起想吃什麼菜，就會趕快上市場張羅材料，我發現他們想吃的倒不是什麼山珍海味，而是從小吃到大的一些熟悉的滋味。弟妹慧懿也說，孩子謨舜和詩蘭每次打牙祭要吃的也是些家常菜，有些菜雖然在餐廳裡也吃得到，但就是少了家裡奶奶和媽媽的味道。

3

女兒雯雯喜歡做菜，出國留學時我幫她特別整理了一套雯雯的食譜，裡面都是她愛吃的家常菜，倒不是特意想傳承些中國菜，只希望她不要忘記家的滋味。

今年 10 月我們家人聚集在佛羅里達州妹妹家裡，參加她大女兒小怡的婚禮，和妹妹聊到這本新書──「家傳菜」 中的一些菜式，沒想到她對「雞鬧豆腐」的做法就有不一樣的記憶，她說是奶奶教她的。回到台北，趕快把她的做法也加在書中。由此更加強我要整理這本家傳菜的想法，因為許多記憶中的美味常常會因為時間久了而產生變化，趁它的滋味還在腦中、在嘴邊，趕快把它記錄下來。

▲炸里肌是北方招牌菜，也是家裡常吃的菜式。

每一個家庭都應該飄著菜香，讓孩子們想著家的味道、媽媽的拿手菜，這些是我家最常吃的菜，相傳三代的好滋味，希望你也喜歡它！

做菜、教菜、說菜
我的美食人生

「談美食、道生活、談兩性之間、說親子之愛!」

DJ賈曉輝接著說:
「飲食男女;看生活家、美食家林慧懿怎麼說?!」

這是我在美國洛杉磯 AM1300 廣播節目的 GINGO。

小時候我們沒有很多玩具,但幾根橡皮筋、小石子、一條繩子就能玩許多遊戲、名堂。我始終覺得,真正的快樂是從生活中自己找的、玩出來的,人能懂得生活、惜福、會玩、自得其樂,就是美好人生!

追求美食、教烹飪就是我一直以來所享受的快樂!剛開始,覺得燒菜、洗洗切切、加上收拾,好麻煩、好累,後來因為好奇、好強,倒是在餐飲界打出一番天地。

愛上烹飪　欲罷不能

嫁到程家,和公婆生活了 16 年,後來因為孩子讀書,才移居美國。婆婆是台灣家喻戶曉的烹飪大師,走上這一行說壓力不大是騙人的。幸而我愛家、愛孩子 (又愛吃 !!) 覺得這一行能兼顧內外又很有趣,不僅愛上了,還欲罷不能。而我的手藝能夠精進,除了耳濡目染和婆婆學了很多,同時也因為有位美食家公公。

當年,我掌廚時,每天都要想點子換花樣,若是連著兩天吃同樣的菜,公公會撒嬌的說:「今天吃定食嗎?!」他老人家患有糖尿病,膳食要少吃多餐,每天早午晚正餐外還要下午點心和消夜,這更激發了我的創意,家裡的菜多種多樣,連傭人都有職業廚師水準。

▲ 我（右）和安琪（左）帶著孩子去探婆婆的班。

　　每次家裡請客，親友都會說：「為了這一頓，我昨天都沒吃飯呢！」不論是真是假，我都當做是最好的誇獎。

用美食建構美好人生

　　我對美食有熱情，更具備味蕾嗅覺的敏感度、講究對食材的認識和不斷研究門道！自我的要求和多方面研究是進步更重要的因素，食材背後的飲食文化、對美食的客觀感覺和評判，經常接觸時尚的飲食，是我從傳統飲食經驗中創新融合中西的心路歷程。

　　有一次在洛杉磯 Fairplex Asain Expo 做烹飪示範時，一位遠自聖地牙哥前來的韓華聽友特來致意，他因聽了我的節目而由大男人主義轉為溫柔老爸、烹調高手，不但滿足家人的胃口、更增進了親子感情，這真是教授烹飪節目莫大的收穫！導演李安不但欣賞我的手藝更佩服我說菜的功力。教學和講述、分享美食的經驗真是我最大的樂趣。

　　真正的美食並不是用金錢或昂貴食材所能堆砌起來的；而是一種長期追求美食的一種熱誠、一種一往情深的執著。對我來說：烹調美食最大的安慰，不是金錢、不是獎項，而是慢工細活後，公公的一聲「好」字和婆婆嘉許的眼光！

　　總結一句話：愛是美食最佳的調味料。中國人用餐前大都會說「請慢用！」好吧！「Bon Appétit ！」

　　祝您吃出健康、煮得開心！

愛與美味的分享

　　從小在媽媽的呵護下長大，因為身體不好，我每餐吃多少飯，總成為媽媽很在意的事，而任性的我，常常一上桌，看看沒對胃口的菜，轉身就下桌了，這時媽媽就會趕快又回到廚房，絞盡腦汁再弄兩個菜上桌，好讓我高高興興的回來吃飯。

　　40 年後，每當我和母親再談到這段往事時，她總是笑說：「你現在這麼胖，我再也用不著管你吃不吃飯了」。話雖如此，在父親不在的那些年，每逢除夕夜，她總還是堅持要自己下廚，做 5、6 道我愛吃的菜，然後娘倆一起享受一頓年夜飯。她是一輩子都不願到外面吃年夜飯的，總認為在家吃飯，才像是過節，不忙豁忙豁，怎麼有過節的氣氛？怎麼像個家？

　　記憶中追老婆慧懿的時候，她大小姐可是不會做菜的，等嫁給了我，做媳婦的洗手做羹湯，為了孝順公婆，疼愛老公，開始學做「程家菜」，等到兒女出生後，更想盡辦法讓他們能在健康不偏食的過程中成長。好學的她在經歷過無數次世界各地的美食參訪、示範表演後，又發展出另一些第二代的「程家菜」。

　　我的大姐，從電視劇的明日之星，轉變成今天的烹飪名師，甘苦自在她心中，但不可諱言的，我相信對於當初爸媽的勸導，她應該是不會後悔的，畢竟傳承了媽媽的好手藝，使她能成為一位好媳婦、好老婆、好媽媽和好老師，人生如此，又有什麼好抱怨的？

　　二姐 25 歲結婚後移居美國，算是離家早的，「程家菜」在她手中的發揮，成為幫助老公宴請生意上重要客戶的利器，讓二姐夫的每個外國朋友，都對中國菜讚不絕口；而且對一天都離不開中餐的二姐夫來說，從求學到定居國外的 30 多年，那可更是最大的幸福了。

我總認為，一盤菜的好吃與否，有幾個重要關鍵！一在於選料：譬如說，真正好吃的紅燒牛肉，一定要選台灣黃牛肉，美國、澳洲的牛肉，就是沒有那種口感與香味，反過來說，煎、烤牛排則非美國、澳洲牛排才夠香嫩（所以呢，上市場選購食材的人，可要有多一些愛心，捨得多花一點本錢）。

二在於火候：有沒有認真注意該燒多久；隨時看有沒有煮熟；還是燒過頭太爛了，都會決定食物的美味，要知道，即使是煮碗麵這種小陣仗，水溫夠滾、時間正好，才會有麵條香氣溢出來，時間太短或過長，都沒有辦法品嚐到那種香氣呢！

三在於用心：調味料放多少，是要從多次做菜的經驗中記取的，同一道菜，上次做的時候，用了多少分量，效果如何？都須經喚醒記憶，再做修正，才能得到更好的效果，讓享用者滿意，從事出版這麼多年，每次看到作者寫調味料分量時，用到「少許」這字眼時，就知道他是在告訴讀者，你要用心去記錄家人的反應，這樣下次再做這道菜時，就知道該放多少量了。

▲ 2006 年元旦我們夫妻倆（左 2）與安琪姐伉儷（左 3、右 2）與美琪姐伉儷（右 3、右 1）團聚。

7

說真正好吃的「程家菜」，不是因為那天用了特別珍貴的材料，而是因為那天掌廚的人，特別用心；而享受美食的人，也知道感恩。所以我認為：心，才是使菜好吃的主要原因！當父親還在的時候，我們住在汐止，媽媽每天不管多忙，5 點多一定要趕回家，親手做一兩道他喜歡吃的菜（雖然大半時有佣人或女兒媳婦在家做給他吃）；然後陪他一起晚餐。媽媽總是透過做出好吃的菜，用心去疼愛她關心的人。

至於對一個長期被關愛的局（廚房）外人來說，「程家菜」是我招待好友在家吃飯的驕傲，那種將自家最好的東西拿出來，與朋友共享的喜悅，真有李白將進酒詩中「五花馬，千金裘，呼兒將出換美酒，與爾同銷萬古愁」的豪氣與快樂。

這次「家傳菜」的集結出版，非常感謝秉新的企劃執筆；嘉琪的編輯策劃；安琪大姐跟另一半慧懿的辛勞烹煮示範，希望將我們對家人的愛，與大家分享。

傳遞幸福滋味

12 年前,我在報社的記者生涯,因轉到美食路線,而和烹飪名師傅培梅一家結了緣;不但傅老師是我重要的採訪對象,得其手藝傳承的女兒程安琪、媳婦林慧懿也一再出現在我的專題報導中。

還記得,2000 年,傅老師過七十大壽,我大幅報導,4 年後,她撒手人寰,我淚灑靈堂;如今,這個緣分更加深厚了,現在擔任「傅培梅飲食文化教育基金公益信託」執行長的我,時時想著,如何以活動和行動,把她老人家所秉持「藉烹飪教學傳遞幸福滋味」的精神,發揚光大,同時也因職務之便增加好多機會,聽她的子女談及母親和家裡的菜。

今年重大災害八八水災發生後,我們公益信託有社會責任、也想付出奉獻,因此安琪姐對於將來想以餐廳創業、重振家園的災民,願意義務傳授 10 道「家傳菜」,來增加其菜色的吸引力。消息一出,得到很多迴響,連已在經營餐廳的業者也紛紛來打探。因此也勾起了我的好奇,傅老師的食譜和電視教學,教了超過四千道之多的菜色,但他們家真正最愛吃的菜,究竟有哪些?

美味家傳菜 加一匙愛的調味料

8 月,旅居美國的慧懿姐為主持台灣美食展專程回台,我因而有了同時採訪安琪、慧懿談「家傳菜」的機會:大肉、香酥雞腿、大蝦餃子、獨家炸醬麵………,精挑細選出來的 60 道好菜,聽她們說故事、談菜,採訪過程時而驚呼、時而慨嘆,更多時候是我猛吞口水。所以當拍照當天,能嚐到她們親手做的家傳菜時,心中無限感恩:「我怎麼這麼幸福啊!」

◀ 我（後左1）在傅老師七十歲時，與美琪、安琪（前右1、2）及國內四大報美食記者合影。

就在整理這本書的文稿時，描述美國烹飪名師茱莉亞 · 柴爾德熱愛法國美食的電影「美味關係」在台上映；看完電影意猶未盡，趕緊又把茱莉亞寫的「我在法國的歲月」中譯本，再看一遍；截完稿子回味無窮，傅培梅傳「五味八珍的歲月」又成了我的床頭書。

這兩位中外名師，都是為了討好丈夫學做菜，出過無數食譜、拍攝許多電視烹飪教學節目，一生傳授的廚藝，不知讓多少人享受到烹飪的樂趣。巧合的是，兩人都是在 2004 年辭世。

每道菜絕對有實做經驗，費盡心力撰寫食譜，是我從她們的著作中得到的感動。安琪、慧懿除了秉持這個精神，也青出於藍，在許多菜中加入了自己的想法；雖然這 60 道菜，早已散見在各本「培梅食譜」中，但當我試做其中幾道，感受到安琪姐、慧懿姐的感情和心情，那已經不只是做法而已了，參與這本書的過程，更讓我體會到，對家人的愛是世上最神奇的調味料。

傅培梅飲食文化教育基金公益信託執行長

家傳菜目錄

2 序1> 不退流行的家傳美味

4 序2> 做菜、教菜、說菜 我的美食人生

6 序3> 家傳菜，愛與美味的分享

8 序4> 傳遞幸福滋味

142 後記> 廚藝增加一甲子功力

每一個家庭都應該飄著菜香，讓孩子們想著家的味道。

這些是我家最常吃的菜，相傳三代的好滋味，希望你也喜歡它！

Part 1
美食相對論

包餃子、炸大蝦、煮炸醬麵、炒豆乾肉絲，
家裡老小都愛的家傳味道，
我們各自擁有美好的回憶以及烹調的心得。

喜慶不可少
16 上馬的餃子

美食家專屬
22 大蝦餃子

有聲有色又會彈跳
26 西炸明蝦

大家都愛這一味
30 獨門炸醬麵

有了這味就開胃
34 豆乾肉絲

Part 2
過年的菜

童年時候的過年，是集一切歡樂的美好日子。
媽媽為了張羅大家的吃，總是很早就開始準備年菜了，
把準備年菜比做「備戰」一點也不為過⋯

40 懷念那美好的年味

42 年菜大補帖

44 過年好菜上桌／走油扣肉

46 雙味醬肘

48 北方拌海蜇

49 虎皮凍＆雞凍

50 蘇式燻魚

51 紅燒烤麩

52 三鮮春捲

54 春餅迎春

Part 3
安琪上菜

家傳菜是家裡最常吃的菜，
三代相傳的美好味道。

58　程家大肉

60　蔥燒蝦子烏參

62　紹子蹄筋

64　紅燒獅子頭

66　山東燒雞

68　炒炒肉

71　雞鬧豆腐

72　紅燒黃魚

74　起司焗明蝦

76　粉絲四味／四季豆燒粉絲

78　酸菜牛肉粉絲

79　雪菜肉末粉絲湯／銀蘿燒粉絲

80　四季紅魚麵

82　程家紅燒牛肉

85　蝦醬炒蛋

86　一品鍋

88　砂鍋魚頭

90　滷味大拼盤

94　瑤柱烤白菜

96　鹹蛋蒸肉餅

98　雪菜百頁

100　菠菜炒臘肉

102　糖蛋兩式

104　雯雯的便當菜

106　三鮮鍋貼

107　火腿蛋炒飯／火腿蛋三明治

Part 4

慧懿上菜

家傳菜是家裡百吃不厭、
一陣子沒吃就會想念的菜。

110　干貝蒸蛋

112　賽王品牛小排

115　黑胡椒牛柳

116　京都排骨

119　墨魚大靠

120　紅燴豬排

122　愛上大白菜／酸菜白肉火鍋

124　開陽白菜／香乾拌白菜

125　香菇白菜燒麵筋

126　香酥雞腿

129　軟炸里肌

130　咖哩雞

132　怎能缺少馬鈴薯

134　馬鈴薯蛋沙拉／脆炒土豆絲

135　馬鈴薯燒肉／絞肉馬鈴薯

136　蠔油鮑魚片

138　胡蔥鴨煨麵

140　干貝大白菜麵疙瘩

是什麼樣的緣分，讓身為長女和長媳的我們，都和母親一樣走上烹飪教學這條路；
或許那份潛移默化，是那麼深不可測。

美食 相對論

安琪 & 慧懿

包餃子、炸大蝦、煮炸醬麵、炒豆乾肉絲，家裡老小都愛的家傳味道，
我們各自擁有美好的回憶以及烹調的心得。

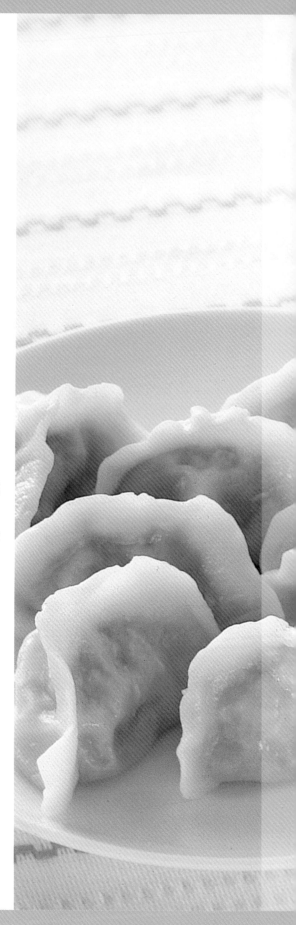

喜慶不可少

上馬的餃子

我們家有句話:「上馬的餃子,下馬的麵。」意思是,要出遠門(上馬)的,先吃頓餃子飽肚子;而遠程回來的(下馬),則要吃碗麵,才有回到家的感覺。在我們家,餃子除了是日常的主食,喜慶節日時,吃餃子更是一項重要的儀式。

≫ 安琪

為爸爸親手包的黃魚餃

我是東北人，26 歲出嫁前都和爺爺奶奶一起過著三代同堂的北方式家庭生活，每次和爺爺奶奶說話，我的家鄉口音自然就脫口而出；家裡，端午節包紅棗白米粽、11 月底積（醃）酸白菜、除夕吃元寶，家常吃的也以北方麵食為主，包餃子，更是從小就要學的。

從小媽媽教我揉麵糰、包水餃，醒好的麵糰要揉到看起來軟又有光澤、不黏手也不黏麵板，至於揉的時間長短，是看你的手有沒有「火」，有火、有熱力的，很快就揉光了。麵糰揉好後由中間分一個洞，把麵糰捏成粗細相同的圓環、再掐斷、搓成一長條，分成大小相同的小麵劑子。媽媽認為自己做的水餃皮，才會軟中帶 Q，包的時候外緣不必沾水，比較好包，煮的時候絕不露餡。

這輩子最難忘的餃子，是我出嫁的那天，媽媽一早就起來，忙著包家裡最常吃的豬肉白菜餃子。整個迎娶儀式進行到我拜別父母要跨出家門前，我和丈夫需先吃些餃子，出嫁的離情頓時湧上心頭，我噙著眼淚吃了此生最難以下嚥的餃子。

▲ 我結婚那天，吃下了最難以下嚥的餃子。

後來在婆家，我也常包餃子，為了省事，還會買現成的餃子皮，但在我爸爸家，我是不敢這麼做的，因為買現成的餃子皮會挨罵。

至今不知包了幾頓的餃子，到現在，感覺最費神的一次包餃子，是為了爸爸，爸爸愛吃大蝦餃子、更愛黃魚餃子，大蝦餃吃明蝦的勁度，黃魚餃吃其肉質的細緻與鮮美；黃魚要拌成餡，先得將黃魚去骨取肉剁好，攪出筋，再加韭菜提味。後來真黃魚越來越少、也越來越小，我們就比較少做了。

有一次，我想讓重病中的父親提起吃的興致，買了幾條小黃魚，用菜刀慢慢一面剔刺、一面刮下魚肉，花了好半天功夫，才包出十幾個黃魚餃子。雖然爸爸只吃下了 5、6 個，我還是感到很欣慰，能在他生前，為他老人家做了最後一頓黃魚餃子。

美食相對論

>> 慧懿

包出 C 罩杯的餃子

30 年前，嫁進這個三代都愛吃餃子的北方家庭，我從一個出自廣東家庭、對麵食完全外行的門外漢，跟著奶奶、婆婆從揉麵、擀皮學起。

婆婆要求，揉麵得要「三光」—手光、麵光、盆兒光！揉出來的麵糰要像水煮蛋般的光滑細緻，揎出一個個大小一樣的劑子（小麵糰），切面朝上來擀、才擀得出外薄內厚、渾圓有勁的餃子皮，包的時候兜好摺子、細細黏合，外型像小荷包般的好看，內餡則要紮實，煮出來一個個像元寶，吃起來皮滑 Q、餡鮮又多汁。

這個家裡，男性只管「發號司令」，家事完全是女性的工作，不過做饅頭揉麵則是唯一的例外，婆婆說女人手冷揉出的麵不光滑、不紮實，所以只有過年做大紅棗饝饝，公公才親自出馬揉麵，包餃子這種小陣仗，就讓女人家來吧。

每次包餃子，婆婆包幾個好看的，我們照著做，但除夕夜要趕在晚上 12 點前包出兩百個餃子，好讓全家人吃元寶討吉利、公公放鞭炮。當時，我顧不得精雕細琢得細細包摺子了，改用兩手握皮將中間餡子向內一擠，我心裡暗笑：「哇！擠出了個 C 罩杯」。

過年的餃子很特別，在餡料中加放紅棗、硬幣、糖、年糕共 4 種，各帶一個吉利的兆頭：紅棗是早生貴子、硬幣象徵發財、糖寓意甜甜蜜蜜、年糕期待年年高升！吃到其中一個帶寶的餃子，公公就要給賞（每個寶兩百塊），孩子們為了要吃到帶寶的餃子，總想從外型、內餡透出的顏色來找線索，不過這 24 個完全出自婆婆的手，包得根本看不出來，大夥只好使勁吃，看誰吃得多！

有一回數來數去都差兩個寶，我們都納悶這寶上哪去了？第二天早上將上供祖先的餃子煎來當鍋貼過早（早餐），才發現原來給祖先吃啦！我嫁進去的第一年，第一口就吃到一個帶棗子的寶，奶奶、婆婆都笑得好高興，認為這是早生貴子的好兆頭，果不其然進門第二年就生了個大胖小子！

家裡的廚房，常是三代女性在忙，奶奶過世後，由我的女兒詩蘭被訓練當助理，家裡的好味道，就是這樣一代代傳下去的。

美食三部曲 黃魚韭菜餃

1 來調 黃魚韭菜餡

材　料：黃魚 1 條（約 600 公克）、肥絞肉 2~3 大匙、
　　　　韭菜 150 公克

調味料：鹽 $\frac{1}{2}$ 茶匙、胡椒粉少許、水 5~6 大匙、薑汁 $\frac{1}{2}$ 茶匙、
　　　　麻油 1 大匙

做　法：

從魚背下刀，取下兩邊的魚肉，順同一方向刮下魚肉，並以刀背
將魚肉剁碎。魚肉放入大碗中，加鹽和水來攪拌魚肉，（水要逐
漸加入魚餡中，分量多少視魚的新鮮程度而不同，新鮮魚肉可拌
入較多的水），至魚肉很有彈性，再加入剁過的肥絞肉（肥肉的
量約為魚肉的 $\frac{1}{5}$）、薑汁和麻油，攪拌均勻。韭菜洗淨、切末，
拌入魚餡中，做成黃魚餃餡料。

2 來擀 餃子皮

水餃的外皮用中筋麵粉加冷水調製，冷水麵的皮有彈性、較耐煮，
因此水餃可以在水中滾動而不破；和麵糰基本上 2 杯麵粉要加 1 杯
水（要留約 $\frac{1}{4}$ 杯，慢慢地補充、加入），麵糰和好後要經過醒麵
過程，醒的時間最好有 20~30 分鐘以上，醒的時候要蓋上一條濕布，
以防止麵皮變乾。

麵糰揉好後由中間分一個洞，把麵糰捏成粗細相同的圓環、再掐斷、
搓成一長條，分成大小相同的小麵劑子。把小劑子整型成圓柱形，
再壓扁，就成為一個個的小圓形，用擀麵棍擀成中心厚、邊緣薄的
餃子皮。

3 煮出 好吃的水餃

煮餃子的水要多，待水大滾後放入餃子，邊放、邊用鍋鏟輕輕推動
水，使餃子跟著轉動，而不會黏在鍋底，放完之後、確定每個餃子
都沒黏底，就可以蓋上鍋蓋，以中火來煮，煮到一滾即開蓋，加約
1 杯的冷水，蓋好再煮；第二次滾起、加第二次水，等第三次滾起
時就可以關火，撈出餃子。

煮的時候不要讓餃子在水裡一直大滾而不加水，那樣會使餃子膨脹、
進水，味道變淡、就不好吃了。

豬肉白菜餃子

材　料：豬絞肉（可選擇肥肉約佔 15~20% 的前腿絞肉）600 公克、大白菜 1.2 公斤
　　　　蝦米 50 公克、蔥 2 支、麵粉 4 杯、水約 2 杯（或水餃皮 2 斤）
調味料：鹽 1 茶匙、麻油 1 大匙、烹調用油 1 大匙

做　法：

1. 豬絞肉置砧板上、再略剁一下，使肉有黏性，然後移入一個盆中，加入蔥薑汁
   或水（分 3 次加入），順同一方向攪拌肉料，約 2~3 分鐘，使肉更有彈性。

2. 依肉的吸水度，可以再加 2~3 大匙的水，加入其他的調味料，再順同一方向攪
   拌均勻，將肉料摔打一下，使之更有彈性，放入冰箱中冰 1 小時以上。

3. 大白菜切成小丁，放入大盆中，撒下約 2 茶匙左右的鹽，抓拌一下，放置
   15~20 分鐘左右，待白菜變軟、出水，用力擠乾水分。

4. 蝦米泡軟、摘去頭、腳等硬殼，剁成細小顆粒；蔥切成細蔥花。

5. 自冰箱中取出調味好的豬絞肉，加入大白菜、蝦米、蔥花，再拌上兩種油，
   調拌均勻即成餃子餡。

6. 冷水和麵粉揉成冷水麵，擀成餃子皮、包入餡料成餃子型，再入滾水鍋中煮成
   餃子。

美食家專屬

大蝦餃子

蝦的種類很多，論口感和香氣，又以屬斑節蝦、俗稱大蝦的
明蝦為最，但明蝦實在太昂貴了，在我們家裡，名副其實的
大蝦餃子是專做給爺爺、奶奶和父親吃的美食。

≫ 安琪

秋冬吃到會紅的大蝦餃

明蝦一直是很昂貴的食材，偏偏爸爸特愛明蝦，如果爸爸嘴饞想吃大蝦餃子，媽媽多半買個3、4隻切丁塊包入肉餡中，包上2、30個。

「今天吃大蝦餃子！」我們聽了很興奮，不過真正包明蝦的餃子排在第一批煮，煮好後必定先給爺爺、奶奶和父親吃，長大才知道我們吃到的其實是包小蝦的「大蝦餃子」時，還覺得自己好可憐，但也才體會媽媽的苦心。

「大姑姑，為什麼妳包的大蝦餃子不紅？」姪子謨舜移居美國多年後，有一次回台度假，我特別包了大蝦餃子，給他接風，吃的時候他好奇問我，為什麼小時候吃大蝦餃子是紅色的，這次的大蝦餃子卻不紅？

「因為大姑姑的大蝦沒有膏啊！」原來明蝦因產季不同，秋冬的雄明蝦背上有綠色的膏，包在餡裡煮出來，才會有紅色從餃皮裡透出來。看來，小舜得到了爺爺真傳，吃得很精呢！

≫ 慧懿

美食全因公公而來

「好久沒吃大蝦餃子了！」聽到公公點菜，當然不能拖延；嫁入程家不久，我就感受到，公公懂吃、愛吃、要求嚴格，我們家的美食全因公公而來。

以家裡常吃的水餃為例，包進餃子皮裡的蝦一定得是大明蝦，因為草蝦不甜、龍蝦肉太硬、一般蝦又太軟、甜度不夠，嫩中帶勁的大明蝦就是首選！有時婆婆為了省錢、叫我加點小蝦肉打在裡頭。誰知公公一吃就怪今天的蝦買得不好！嫌餃子鮮度不夠又沒口感！可見公公真是天生的美食家。

做餡的絞肉，買回後要再加以細剁，新鮮肉會吸水，越新鮮的肉就越吃水，然後以同方向攪拌絞肉，絞到有「牽絲」的「絲絲相扣」之感，就是最具彈牙又多汁的肉餡。

由於公公不吃薑，所以我們不敢在餃子餡裡擱薑，但婆婆說只要他吃不出來、少用一點來除腥倒是可以的，所以我們就在剁肉打水的時候偷偷放一點薑汁，不讓他發現。

美食相對論

大蝦餃子

材　料：明蝦 6 條、絞肉 600 公克、韭黃 200 公克、蔥 2 支、薑 3 片
調味料：鹽 $\frac{1}{2}$ 茶匙、水 4~5 大匙、醬油 1~2 大匙、胡椒粉少許、麻油 1 大匙、
　　　　烹調用油 2 大匙
餃子皮：中筋麵粉 3 杯、冷水 1~$\frac{1}{3}$ 杯、鹽少許

做　法：

1. 明蝦剝殼，抽去腸泥，直片剖切成兩半，再切成丁塊。
2. 將蔥、薑拍碎，放入一個碗中，加水 $\frac{1}{3}$ 杯，捏出汁備用。豬絞肉置砧板上、
　 再略剁一下，使肉有黏性，然後移入一個盆中，加入鹽和蔥薑汁 (分 3 次加入)，
　 順同一方向攪拌肉料，約 2~3 分鐘，使肉更有彈性。
3. 依肉的吸水度，可以再加 2~3 大匙水，加入其他的調味料，再順同一方向攪
　 拌均勻，並將肉料摔打一下，使之更有彈性，便放入冰箱中冰 1 小時以上。
4. 韭黃摘好、洗淨，切除老硬的梗部，再切成小丁。
5. 把明蝦放入拌好的肉餡中，要包餃子之前，再拌入韭黃丁，調好明蝦餡料。
6. 餃子皮和好，醒 20 分鐘，再分成小劑子 (小麵糰)，擀成餃子皮，包上餡料，
　 做成餃子。
7. 煮滾一大鍋水，放入餃子，邊放邊推動水餃，放完之後蓋上鍋蓋，以中火煮開
　 後加 1 杯冷水，再煮開後，再加 1 杯冷水，第 3 次煮開時即可關火撈出，瀝
　 乾水分，裝盤。

烹飪要訣 >

蝦肉做餡要乾爽才會脆，可以將整條蝦肉先用鹽抓洗
去黏液、擦乾後再平鋪開來、放進冰箱，讓冰箱把多
餘的水分吸掉，大蝦爽脆而鮮又不含水，才是最佳狀
況。

有聲有色又會彈跳

西炸明蝦

一口咬下西炸明蝦，聽到「卡滋」一聲，馬上感覺到外皮酥脆的「音響效果」，繼而鮮嫩多汁的大塊明蝦肉在嘴裡「彈跳」，這美好的滋味與口感，讓這道菜躍身成為家裡的熱門招牌菜。

›› 安琪

豪氣的西炸明蝦 VS 小蝦排

每到節慶，家裡大大小小最愛的一道大菜，就是「西炸明蝦」，當一隻隻炸得外表金黃酥脆的明蝦上桌，光是看和聞，就無比誘人！

明蝦的處理過程中，除了挑掉背上的腸泥，還要挑掉腹部下的白筋，其作用是讓明蝦炸好後，仍是一大片而不會捲太多。西炸的做法，依序裹上麵粉、蛋汁、麵包粉後下油鍋炸，雖然較麻煩，但想吃到那美好的口感，就要這麼做，而且裹麵包粉時，不能硬壓，要保持鬆鬆的感覺。

不過大明蝦實在太貴了，媽媽想了一個應變的方法，就是運用小蝦（白沙蝦）做成「西炸小蝦排」，將 5 隻小蝦用牙籤串成一排，一樣依序裹粉後下油鍋，由鍋邊向油中滑落時，快速將牙籤抽出，炸到金黃，入口時也有一大口蝦肉的過癮口感。配上番茄醬、梅林辣醬油或塔塔醬，除具有除油解膩之效，還會讓炸蝦更覺好吃。

美食相對論

›› 慧懿

獨孫子的專屬美食

我因為兩個孩子在生產時都不順利，否則我是真想多生兩個的，我特喜歡小孩、自己就是孩子王！所以不難想見，婆婆對謨舜這個獨孫子，三千寵愛在一身的心情！

尤其在「西炸明蝦」這道菜前，婆婆總會對詩蘭說：「多給哥哥吃一隻！」這是老一輩「重男輕女」的觀念，我們也不便說什麼。

儘管和哥哥比，詩蘭少吃了幾隻明蝦，不過她在學業、工作上的表現，完全不輸哥哥，都有令人刮目相看的表現呢！

兒子女兒都喜歡美國式的教育，都畢業於 UCLA〈洛杉磯加大分校〉電腦系、兩人也陸續順利地進入 Google 上班，儘管西式的食物吃的不少、現在上班的地方有得是餐餐能大快朵頤的中西美食大餐，不過，他們最喜歡的還是家裡的菜，尤其是這道西炸明蝦。

西炸明蝦

材　　料：明蝦 8 隻、麵粉 ⅔ 杯、蛋 2 個、麵包粉 2 杯

調 味 料：鹽、胡椒粉適量

塔塔沾醬：白煮蛋蛋白切碎 1 大匙、酸黃瓜切碎 ½ 大匙、洋蔥切碎 ½ 大匙
　　　　　美奶滋 3~4 大匙、鹽適量

做 法：

1. 明蝦沖洗後剝殼，抽掉砂腸和腹部下的白筋，由背部劃一刀，成為一片，撒下調味料略醃一下。

2. 蛋打散；麵粉和麵包粉分別放在 2 個盤子裡。

3. 明蝦先沾麵粉，再沾蛋汁，最後沾滿麵包粉，備炸。

4. 小碗中將塔塔沾醬準備好。

5. 鍋中 4 杯炸油燒熱至 140℃（7 分熱），改成小火，放入明蝦，炸約 1 分鐘，改成大火，再炸 10~15 秒左右（如果家中爐火不大時，可將明蝦先撈出，把油燒熱再放下明蝦以大火炸酥）。

6. 見明蝦已成金黃色，撈出，在漏杓上放一下，瀝乾油漬，或放在紙巾上吸掉一些油份。

7. 裝盤後附上塔塔醬上桌。

烹飪要訣 >

想吃到外皮酥鬆「卡滋」的美好口感，在裹麵包粉時，
不能硬壓，要保持鬆鬆的感覺，炸出來的大蝦外衣才
會鬆脆可口。

大家都愛這一味

獨門炸醬麵

對我們掌廚的人來說，沒時間做菜，弄個炸醬麵最簡便，煮婦省了事，被「打發」的家人，也不會太抱怨，因為大家都愛吃，連到家裡打牌的長輩、朋友肚子餓了，也必點炸醬麵。

》安琪

最受歡迎的家常方便麵

吃炸醬麵配碗羹湯，算是我家的便餐。通常是中餐時間，才會吃簡便的炸醬麵。

「打個羹來喝吧！」爺爺會這麼說。羹湯也很簡單，鍋中有肉絲、大白菜、木耳等，炒香加調味、勾點芡，淋下蛋汁就是打個羹了。

我家的炸醬很單純，主要是把大白菜的甜味、絞肉和蝦米的鮮味及甜麵醬的味道融合在一起，本來北方人的炸醬只加甜麵醬，後來媽媽覺得台灣產的豆瓣醬，豆瓣香氣很足，可以拿來運用，就增加豆瓣醬，它和甜麵醬用 1:2 的比例去調，做出來的炸醬風味更佳。醬做好後冷藏在冰箱裡，可以放一個禮拜，夜裡有人肚子餓，煮點麵條拌一下，非常方便。

我的做法會把絞肉和大白菜煮久些，讓絞肉吃在嘴裡不會那麼乾，大白菜則是出水了的軟甜而非脆感，這和媽媽的做法有點不同。麵條部分因人而異，有人愛吃有咬勁的拉麵，弟弟和我則愛吃細麵，炸醬麵已成為我家朋友們很愛的一味。

美食相對論

》慧懿

兩段式炒醬誘出香氣

我們家吃炸醬麵，怎是單純一個「醬」字可以囊括！

「明天弄個炸醬麵，菜碼幾品？」通常婆婆前一晚吩咐時，會這麼問一句。基本必備的菜碼，小黃瓜絲和炒蛋一定要有。多的時候，還會有小魚乾等共 4、5 種之多呢！

咱家的大連式炸醬，不加毛豆、豆乾，做出的炸醬就是黑黑的醬色，不好看，但味道實在好極了。要做出這樣的味道，一定要分「兩階段」進行，第一階段先將蔥花、蝦米、絞肉、大白菜丁炒香盛出，大白菜燒到脫生但還得保有脆度。

另一階段則是炒醬。油鍋內先爆香蔥花、再炒香調過少許糖和醬油的甜麵醬，然後才下豆瓣醬，待醬香交融後，再把絞肉和大白菜回鍋，不用久煮，免得大白菜失了脆感。

程家獨門炸醬麵之所以受歡迎，就在這另外起油鍋爆香蔥花和炒醬的過程！要是只把醬直接加入絞肉和白菜汁裏，香氣根本出不來，這正是咱家獨門醬和一般炸醬不同的地方。

獨門炸醬麵

材　料：豬絞肉 450 公克、大白菜 300 公克、蝦米 2 大匙、蔥屑 3 大匙
　　　　麵條 600 公克、黃瓜絲 1 杯、豆芽（燙過）1 杯、蛋 2 個
調味料：甜麵醬 3 大匙、豆瓣醬 1 大匙、醬油 1 大匙、糖 ¼ 茶匙

做　法：

1. 將大白菜切碎，蝦米泡軟後也略加切碎備用。
2. 甜麵醬和豆瓣醬盛在碗內加入醬油及糖調勻。
3. 起油鍋先用 3 大匙油炒絞肉，至肉熟後盛出。
4. 另用 2 大匙油爆香蝦米和蔥花，再加入白菜丁，炒至軟盛出。將絞肉倒入。
5. 炒鍋內另燒熱 3 大匙油，在以小火炒香甜麵醬和豆瓣醬，將絞肉和白菜倒入醬中，炒勻後加入約 1½ 杯的水，以小火燉煮約 20 分鐘即可，盛入大碗中上桌。
6. 麵條煮熟後撈出，分別盛在碗中上桌。附上黃瓜絲、炒蛋或燙過的綠豆芽，加炸醬一起拌食。

烹飪要訣 ＞

炸醬要好吃，除了工序不能省，甜麵醬的挑選也很重要，以前我們上東門市場五福雜貨店買甜麵醬，店員由木桶裡用竹勺舀出來抹在塑膠袋裡，醬香味濃稠得化不開，買回去還得自己加上糖和醬油先調開才能下鍋。現在一般超市賣的甜麵醬過稀又太甜，總有偷工減料的感覺。

有了這味就開胃
豆乾肉絲

「男生快要吃飽,還要再塞一口,女生快要吃飽,就要少吃
一口。」看到女生都是健康寶寶、男生都比較瘦弱,我們家
吃飯的時候,對於小孩子有這麼一句口訣,尤其在「豆乾肉
絲」這類下飯的熱炒菜前,總要提醒女孩子少吃些,為的是
不要她們從小就胖嘟嘟。

≫安琪

豆乾肉絲軟硬各有所好

爸爸非常喜歡女孩，對孫女詩蘭、外孫女雯雯都疼愛有加，在享受美食上，總讓她們想吃就吃，加上兩個女孩吸收能力很好，唸小學時，都是胖嘟嘟的。所以，有幾道孩子愛吃的下飯菜上桌，她們總要被提醒少吃一口，尤其是最受歡迎的「豆乾肉絲」上桌的時候。

這道下飯的家常菜，出現在很多烹飪老師的食譜中，看起來材料大同小異，做法的差異是在刀工和火候上的不同。像我先生喜歡硬香的豆乾，所以，我會用少油大火去煸豆乾，但我弟弟喜歡嫩豆乾，處理上用滾水先燙，去掉豆腥味、口感很嫩，但要馬上炒，否則就要再泡入冷水中，才不會老掉。另外，冬天我會配上芹菜，過年前後有粗管的芹菜，搭配其中顏色很漂亮。夏天則是加榨菜絲，也有增加鹹鮮風味的效果。

炒的要領是旺火及高溫的油，豆乾肉絲好吃的關鍵在肉絲要醃、過油，下的調味料中有兩大匙水，有水氣才有鍋氣，大火快炒、肉嫩香鮮的上桌，難怪孩子們都想多吃一口。

美食相對論

≫慧懿

考驗火候掌控功力

我們每到外面吃「豆乾炒肉絲」，總會看看盤底，吃著吃著到後來如果有一層油浮在盤底，就知道師傅火候及油溫掌控不對，別以為豆乾炒肉絲是一道簡單的菜，要做得好方法要對；我從中發現，肉絲過油真是一門大學問。

過油的火候和時間的掌控最重要；肉絲在油8分熱時一下去撥散立即撈起叫過油，油熱的時候肉不會吸進油，所以油溫一定要高，肉才會乾爽不吸油，且肉7、8分熟才會嫩；涼的油溫炒起來肉雖然不會沾黏，但肉汁會流失，肉絲的感覺是軟綿而且會膩。肉絲軟、嫩口感的差別在：軟入口是綿、嫩入口是Q又有彈性。

常有朋友還是不懂，我就開玩笑地說，「軟」的口感就是中年女性的蝴蝶袖、「嫩」就是妙齡女孩有彈性的胴體，我的朋友聽了都哈哈大笑。

豆乾肉絲

材　料：豬肉絲 100 公克、豆腐乾 8 片、蔥 1 支（切斜段）、芹菜切段

調味料：（1）醬油 $\frac{1}{2}$ 大匙、水 1 大匙、太白粉 1 茶匙

　　　　（2）醬油 1 大匙、鹽 $\frac{1}{4}$ 茶匙、糖 $\frac{1}{4}$ 茶匙、水 2 大匙、麻油少許

做　法：

1. 肉絲用調味料（1）拌勻，醃 30 分鐘。

2. 豆腐乾先橫著片切成 3 片，再切成細絲，用滾水燙 10~15 秒鐘，撈出、瀝乾水分。

3. 約 5 大匙油燒至 7~8 分熱，放下肉絲炒散開、炒變色，撈出，油倒出。

4. 僅留 1 大匙油爆香蔥段，放下豆乾絲和芹菜段，加入調味料（2）的醬油、鹽、糖和水，大火炒勻，加入肉絲再快炒兩三下，滴少許麻油即可關火盛出。

烹飪要訣 ＞

1. 肉絲要用較多的油先過油、炒至 7~8 分熟，以保持它的嫩度，過油的油溫約在 7~8 分熱（140℃~160℃），油太涼、肉絲不嫩；油太熱、肉絲會沾在一起。

2. 肉絲過油時可以先用一雙筷子把肉絲撥散開再炒，較不會沾黏。

3. 喜歡吃嫩的豆乾口感，可先用滾水燙過，去掉豆腥味，不立刻炒的話，要放入冷水中泡，才不會老掉。

過年的菜

新春

童年時候的過年，是集一切歡樂的美好日子。尤其和爺爺奶奶同住，
前來拜年的親戚朋友多，家裡總是人進人出，格外熱鬧。

媽媽為了張羅大家的吃，總是很早就開始準備年菜了，把準備年菜比
做「備戰」一點也不為過。

≫ 安琪

過年像打一場硬仗

媽媽已經走了 5 年了，我也 5 年沒有在台灣過年了，不過明年農曆春節，旅居美國的妹妹美琪和女兒雯雯要回台過年，我很期待家人的團聚，也不禁回想起從前家裡過年的情景。

過去經常幫忙媽媽張羅年菜，要考慮的事情很多，諸如：大概會在家吃幾餐？多少人吃？前菜和主菜怎麼搭配？有什麼乾貨要先發泡？哪些食材不怕冰，可以早幾天買？哪些又是最後一、兩天才能買的？

真正的忙碌大約從年前 3、4 天開始，先要蒸大餑餑（饅頭）：包括棗餑餑、糕餑餑和豆餑餑；要發海參、海蜇；要走油；要炸兩三百個肉丸子，是放在火鍋裡的；要做一碗碗的雞凍、皮凍、扣肉；滷一大堆滷菜；還有一大鍋的高湯…。一早起來做到晚上，真的像在打仗。

匆匆幾天，年過去了，又要開始想辦法出清年菜。

懷念那美好的年味

後來我總是跟媽媽嘀咕，明年再也不要做這麼多、這麼累了！真的，準備年菜要以精緻、美味為主，趁著較長的假日、較輕鬆的心情，來為家人烹煮一些好吃的東西。年前準備幾樣適合涼吃的前菜，到時候再做幾道熱炒，來一個暖和的砂鍋菜，幾家朋友聚在一起，吃吃聊聊，為平日因繁忙工作而疏離的感情加溫。

近幾年常聽朋友感慨，過年的氣氛越來越淡了，其實氣氛多半是自己營造的。我常感謝我的父母，給了我美好的童年，自己也盡量提供我的兩個孩子一些快樂的時光。因此，女兒雯雯愛吃的三鮮春捲、我家過年應景的春餅，都列在我的年菜菜單中。

>> 慧懿

孩子王的年菜

北方拌海蜇、雞凍和虎皮凍、走油扣肉、蘇式燻魚、紅燒烤麩，是我們家過年必備的年菜，一做都要做上好多，除了送給親朋好友，還要應付過年川流不息的客人，年初一、年初二不說，年初三更是姑奶奶及大姑回門以及諸多好友團拜的大請客。

那一天真是又熱鬧又勞累，大人們除了玩牌九，麻將也要擺上4、5桌，老爺爺總是眉開眼笑地說：「家有兩場賭，賽過作巡撫」。我則當孩子王，帶上十幾個小鬼玩，所以每次過完年，我一定要去看醫生，兩個症狀一是扁桃腺發炎、一是尿道炎。

過年前3天買齊材料，開始做涼菜，一次備齊多份，以便隨時分次食用。北方拌海蜇是用醬油、醋、麻油的三合油及蒜泥來帶味道，白菜不抓鹽直接拌，這和白蘿蔔絲抓醬油、蔥絲淋熱油的上海式的蔥油海蜇不同，吃來較清爽，是過年時很開胃解膩的冷盤菜。

▲ 第三代的孩子們相聚在美國慶祝新年，年味一樣熱鬧又濃郁。

雙味醬肘、皮凍都是過年很好的下酒菜，肘子瘦肉及筋絡較多，宜紅燒、鹽醃、清燉、酒燜等。醬肉除可做冷盤之外，我們家是夾在切片的餑餑中，另外也適宜夾在燒餅內食用，或用薄餅或荷葉餅包捲。皮凍完全是膠質，油脂全都撇去了，「豬皮的大火渾、雞的小火純」這個口訣是說，豬凍的湯汁渾厚、雞凍湯清，同樣是利用豬皮的膠質，但做出來是不同的效果。配上蒜泥醬油沾食，好吃極了。

走油扣肉的油都蒸出來了，肉肥而不膩，我們一次做很多，冰在冷凍庫，有客人來上電鍋一蒸，旁邊配個炒菠菜或青江菜、豆苗，很大氣的一道請客菜。到了美國，才發現台灣的烤麩真是又香嫩、炸好之後顏色又漂亮，相較下，美國和中國的烤麩都很難吃，這個時候最是想念台灣了。

年菜大補帖

　　取年年有餘的諧音，全魚是年菜中不可少的一環，但傳統年夜飯中準備的魚是不吃的，或只是象徵吃幾口，留到第二天也就是新的一年來享用，因此這道魚的烹調方法要「耐放」。清蒸和紅燒的魚第二天會又有腥氣，最好是先經過炸的前處理，既可以吃，也可以放到第二天加一個調味汁烹一下。

年年有「魚」

材　料：鯧魚 1 條（過年的魚總希望有頭有尾，鱸魚、鯉魚紅魚、加納魚都很好）、薑末 1/2 大匙、大蒜末 1 大匙紅椒粒 2 大匙、蔥花 1 大匙、麵粉 2 大匙

醃魚料：鹽 1/2 茶匙、酒 1 大匙、蔥 1 支、薑 2 片

烹魚料：酒 2 大匙、番茄醬 1 大匙、糖 1 大匙半、白醋 1 大匙烏醋 1 大匙、鹽 1/4 茶匙、水 3 大匙、太白粉 1 茶匙

處　理：
1. 將魚打理乾淨，魚鰭修整齊，劃切上刀口。
2. 醃魚的蔥薑拍一下，加醃魚料一起將魚抹勻，醃 15~20 分鐘。
3. 魚擦乾，拍上少許麵粉，投入熱油中炸熟，撈出，瀝乾油漬放在盤中，可以祭祀拜拜用。

烹　調：
1. 把魚放入不沾鍋中，以中小火慢慢加溫熱透。盛入盤中。
2. 起油鍋，用 2 大匙油爆香薑末和大蒜末，淋下烹魚料炒香，起鍋前撒下蔥花和紅椒丁，淋在魚身上。

小訣竅

沒有不沾鍋也可以用普通鍋子，加少許油就可以把魚煎熱；或者用鋁箔紙包好烤熱；或者汁中多加 2~3 大匙的水，把魚放在汁中烹煮 1 分鐘。

可以做麻辣汁來代替糖醋口味，用油爆香花椒粒、蔥段、薑片、大蒜片、辣椒醬，淋下調味汁（酒、醬油、糖、醋、水）炒勻，放下魚烹煮一下，吸收麻辣汁的味道。

年貨的採購
與乾貨的發泡

採購年貨要以實用為主，不要「野心」太大，覺得自己可以大展身手而買一大堆食材，許多人的櫥櫃裡就還有去年買的年貨。不妨先查看一下自己的存貨，補充一些乾貨，我覺得乾貨是最好用的材料，尤其一些小乾貨類，如干貝、香菇、竹笙、髮菜、蝦米、魷魚（還可以烤來當零食吃）等都是，要用時容易漲發，用不完時也不怕壞。

另外如粉絲、木耳、金針、豆豉、貢菜、筍乾都是一般日常用得到的，很實用。豆製品中的豆腐衣、百頁、油麵筋、盒裝豆腐、腐皮都是很好變化的材料。

至於新鮮的食材，我比較喜歡多買些海鮮類來冷凍，一來現在人們喜歡吃海鮮，變化也多，同時海鮮也容易解凍，臨時要加一兩道菜很方便。最好用的首推蝦類，明蝦、草蝦、海蝦各有用途。其他如鮮貝、蟹腳肉、花枝、魷魚、蛤蜊也可以獨當一面或和其他材料搭配烹調。

豬、牛、雞肉當然也不能少，豬、牛肉若要花較長時間燉煮的，可以先燉成半成品，但是量都不要太大，少量才能贏得食客們「關愛」的眼光。

蔬菜類也要各類平均準備一些，有葉菜類，也要有較耐存放的瓜果豆類、根莖類。現在超市只休息一兩天，雖然沒有較高價的蔬菜，但一般蔬果都很齊全。

過年好菜上桌

年菜真正的忙碌大約從年前三、四天開始，一早起來做到晚上，真的有在前線打仗的感覺⋯

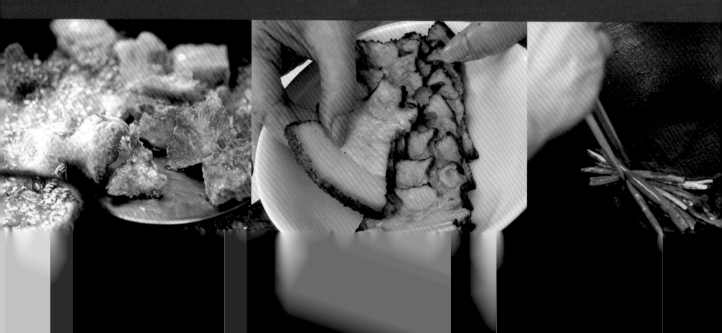

走油扣肉

材　料：豬五花肉約 750 公克、青菜（豆苗或菠菜、青江菜心）300 公克、蔥段 4 支
　　　　薑片 2 片、八角 1 顆
調味料：醬油 5 大匙、糖 2 茶匙、酒 1 大匙、鹽 1/4 茶匙、太白粉 2 茶匙、麻油 ½ 茶匙

做　法：

1. 購買瘦肉較多而皮薄之五花肉一塊，約 6~7 公分寬，洗淨，放入鍋中，加清水
   （要能淹過肉塊），用大火煮熟（約 30 分鐘），撈出。

2. 待稍涼時拭乾表皮的水分，再浸泡在醬油內上色（約 20 分鐘），投入已燒熱
   之油中炸黃（約 2 分鐘，需用鍋蓋先蓋一下，以免油爆到身上）。炸好後撈出，
   馬上泡在冷水中（皮面向下）約 30 分鐘，見皮起了皺紋與水泡、同時回軟為止。

3. 將五花肉切成大薄片，全部排列在中型蒸碗中，然後放上糖、酒、蔥段、薑片、
   八角及泡肉之醬油，放入蒸鍋內用大火蒸 1 個半小時以上，至肉軟爛為止。

4. 把肉端出，先將碗中之湯汁慢慢倒入炒鍋中煮滾，並用太白粉水勾芡，滴下麻
   油，碗中的肉倒扣在盤中，澆上芡汁。

5. 青菜用油炒熟，加鹽調味，盛在盤中圍邊。

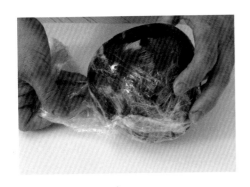

雙味醬肘

材　料：前腿小蹄膀 1 個、棉繩 2 條

調味料：甜麵醬 2 大匙、醬油 3 大匙、紹興酒 1 大匙、冰糖 1 大匙

　　　　八角 1 顆、桂皮 1 塊

蒜泥沾料：大蒜泥 1 茶匙、滷湯 2 大匙、水 1 大匙

薑醋沾料：薑絲 2 大匙、白醋 1 大匙、糖 1 茶匙、滷湯 2 大匙

做　法：

1. 購買較瘦之連皮前腿蹄膀（即肘子）一個，先洗淨、擦乾水分。用棉繩將蹄膀綁緊固定（或以牙籤叉住），再用甜麵醬抹在皮的四週，用力搓揉，放置醃約 2 到 3 個小時。

2. 在深底小鍋內，放入醬油、酒、八角、桂皮等煮滾，再將蹄膀落鍋同煮一下，隨後加入滾水 3 杯，改用小火慢慢燜燒，約半小時後加入冰糖再繼續以小火煨煮 1 個半小時左右（需時時加以翻面）。

3. 煨煮至鍋中湯汁僅剩下半杯，而此汁已非常黏稠時，關火。

4. 待肉冷至微溫時，用保鮮膜包好、捲緊固定，放入冰箱中冷藏，冷透後取出，用利刀切成大薄片排盤，附上沾料上桌。

北方拌海蜇

材　料：海蜇 150 公克、蝦米 2 大匙、大白菜 5 片、胡蘿蔔絲 ½ 杯
　　　　蔥絲 2 大匙、香菜段 ½ 杯
調味料：醬油 3 大匙、醋 2 大匙、麻油 1 大匙、糖 1 茶匙、大蒜泥 1 大匙

做　法：

1. 海蜇整張沖洗一下，切成絲後再泡入水中約 6~8 小時（泡水時要不斷換水）。

2. 海蜇用 8 分熱的水燙 3~5 秒，撈出再泡冷水至發脹開來。用冷開水沖洗，瀝乾水分。

3. 白菜取用梗部，直切成細絲，洗淨，瀝乾水分並再擦乾一些。蝦米泡軟，摘去頭腳。

4. 全部材料放入大碗中（香菜除外），淋下調好的調味料，拌勻，放置 5~10 分鐘。食用時拌上香菜段。

虎皮凍 & 雞凍

材　料：雞腿 2 支、雞翅 2 支、豬肉皮 500 公克、蔥 3 支、薑 2 片、八角 1 顆
調味料：醬油 5 大匙、酒 1 大匙、糖 1/2 大匙、鹽 1/2 茶匙

做　法：

1. 雞腿和雞翅剁成小塊，和豬皮分別燙過，清洗乾淨。
2. 雞肉、豬皮和辛香料一起放入鍋中，加調味料和 6 杯水，煮滾後改小火煮 40 分鐘。揀出雞肉排在模型盒內。
3. 將湯汁過濾到盒中，蓋過雞肉，撇去浮油，待冷後放入冰箱中冷藏 3 小時。
4. 豬皮切細條，放入過濾後的湯汁中，以大火煮 3~5 分鐘，使湯汁濃稠。豬皮連湯汁一起倒入模型中，冷藏至凝固，切片排盤。

49

蘇式燻魚

材　料：草魚中段 750 公克、蔥 2 支、薑 3 片

調味料：（1）醬油 3 大匙、酒 1 大匙

（2）蔥 1 支（切段）、八角 1 顆、醬油 2 大匙
糖 3 大匙、水 1/4 杯、五香粉 1 茶匙
麻油 1/2 大匙

做　法：

1. 草魚洗淨、擦乾水分，剖開成兩半，再打斜切成片。

2. 蔥薑拍碎和調味料（1）拌勻，放入魚片醃約 20 分鐘。

3. 用約 1 大匙油爆香蔥段和八角，倒入調味料（2）煮滾

4. 燒熱炸油 3~4 杯，分批放入魚片炸熟。

5. 油燒熱，再大火炸一次，炸到焦黃時撈出，泡入做法
的醬汁中。

6. 轉動鍋子讓魚充分泡到醬汁、平均吸收味道，涼後取出

烹飪要訣

燻魚是一道適合涼吃的菜，因此很適合做年菜，可早 2 ～ 3 天
準備，待魚涼後收在保鮮盒中，置於冰箱保存，臨吃前 1 ～ 2
小時取出，以室溫回溫即可。

鯧魚沒有小刺，也是很好的選擇。

紅燒烤麩

材　料：烤麩 5 塊、香菇 5 朵、筍 2 支、乾木耳 1 大匙、金針菜 30 支、毛豆 ½ 杯
　　　　蔥 1 支、薑 2 片

調味料：醬油 3 大匙、糖 1 大匙、麻油 1/2 大匙

做　法：

1. 烤麩撕成小塊，用熱油炸至硬且金黃，撈出。

2. 香菇泡軟，切成片；筍子削好、切片；金針菜泡軟、每兩支打成一個結。

3. 木耳泡軟，摘洗乾淨；毛豆抓洗乾淨，去掉外層薄的膜。

4. 起油鍋，用 2 大匙油依序炒香蔥段、薑片、香菇和筍子，加入醬油、糖和水，
　放入烤麩，煮約 30 分鐘再加入木耳同煮，約 10 分鐘。

5. 加入金針菜和毛豆，再煮約 10 分鐘即可關火。滴下麻油，拌勻，盛出放涼後
　再食用。

烹飪要訣 ＞ 烤麩在素料攤上可以買到，因是麵筋製成品，容易發酸，買回後可冷凍
或者先炸透再儲存。

紅燒烤麩是江浙一帶的年菜，取「靠福」的諧音，是適合冷吃的一道前菜。

三鮮春捲

材　料：蝦仁 150 公克、肉絲 150 公克、香菇 5 朵、大白菜 900 公克、筍 1 支
　　　　蔥 2 支、春捲皮 600 公克、麵粉糊 2 大匙

調味料：（1）醬油 1/2 大匙、太白粉 1 茶匙、水 1 大匙
　　　　（2）鹽、太白粉各少許
　　　　（3）醬油 2 大匙、鹽 1/2 茶匙、太白粉水適量

做　法：

1. 肉絲用調味料（1）拌醃 20 分鐘；蝦仁用調味料（2）醃 20 分鐘；香菇泡軟切絲；
   白菜切絲；筍煮熟切絲。

2. 肉絲和蝦仁分別過油炒熟，盛出。用 3 大匙油爆香香菇絲和蔥花，放下白菜
   絲炒軟，加入筍絲和水約 1/2 杯，煮至白菜夠軟。

3. 用醬油、鹽調味，放入肉絲、蝦仁炒勻，用太白粉水勾成濃芡後盛出放涼。

4. 春捲皮上放約 2 大匙的餡料，包成長筒形，塗少許麵粉糊黏住封口。

5. 油燒至 8 分熱，投入春捲炸至金黃色，撈出，將油瀝乾裝盤。

春餅迎春

　　這是北方做生意人家，在農曆 2 月 2 日（通常稱 2 月 2 是龍抬頭的日子），由掌櫃的（老闆）宴請夥計的。類似本省人吃潤餅，菜餡講究的可多達十餘種，有冷有熱，現在簡化多了。

材　料：蔥爆肉絲、蝦仁炒蛋、綠豆芽炒粉絲、春捲皮半斤、大蔥段、甜麵醬

做　法：

1. 準備 3~4 道菜餡，另外將甜麵醬加糖調勻，用油炒香裝小盤。大蔥切段，再直剖成 4 半，排放盤中（如同一般的蔥，切段即可）。

2. 春捲皮附上菜餡、甜麵醬和蔥段上桌包食。

配菜 ⓐ：京醬肉絲

材　料：肉絲 300 公克、蔥段半杯
醃肉料：醬油、太白粉、水
調味料：甜麵醬、糖少許

做　法：

1. 肉絲用醃肉料拌勻醃 30 分鐘。
2. 肉絲過油炒熟，盛出。
3. 另起油鍋爆香蔥段、甜麵醬和糖炒香，加入肉絲，大火炒勻即可裝盤。

配菜 ⓑ：綠豆芽炒粉絲

材　料：綠豆芽 250 公克、粉絲 2 把、韭菜段 1 杯（可免）
　　　　蔥花 1 大匙
調味料：醬油、鹽

做　法：

1. 起油鍋爆香蔥花，放入泡軟的粉絲，加入水、醬油和鹽，煮 1 分鐘。
2. 加入綠豆芽拌炒至脫生，加入韭菜段，炒勻起鍋。

配菜 ⓒ：蝦仁炒蛋

材　料：蝦仁 10 隻、蛋 6 個、蔥花 1 大匙、鹽少許

做　法：

1. 蝦仁用少許鹽和太白粉拌醃 20 分鐘。蛋加鹽打散。
2. 起油鍋炒香蝦仁，撈出放在蛋汁中。
3. 另用 3 大匙油先炒香蔥花，再倒入蝦仁和蛋，炒熟裝盤。

安琪上菜

家傳菜是家裡最常吃的菜，三代相傳的美好味道。

程家大肉

「香滷肉排」這道菜，也因此就逐漸變名成「程家大肉」。

對於他來說，我家家傳菜的首選就是「大肉」，

近幾年，我弟弟顯灝老愛把「我家那塊大肉好吃得不得了」掛在嘴邊，

在烹煮一道肉類菜式之前，要挑對肉的部位。豬肉雖然不像牛肉，不同部位的老、嫩度差異那麼明顯，但因肥瘦比例不同，仍會造成口感上的差別。「程家大肉」特選前腿梅花肉前端的那塊圓柱型的梅花心。

媽媽認為，肉裡面含有很多營養，所以總是鼓勵我們多吃肉。記得二十幾年前懷女兒的時候，因為初次為人父母，先生總是提醒我要多吃肉。等女兒出生後，吃奶階段的副食品和斷奶後的三餐都由我自己料理，肉類用得不少，希望替她打下健康的底子。後來女兒得到美國麻省理工學院獎學金攻讀化工，跟班上一些聰明的同學競爭，遇到唸得辛苦時還打電話來說：「慘了，腦子不夠用了！」我只能笑著說：「以前吃我做的肉，現在要靠妳自己多吃肉了。」

現代人一味追求瘦，只要聽到「脂肪」就怕得不得了，因此拚命減肥以致營養不夠，進而導致內分泌失調，真是得不償失。其實吃肉並不是發胖的主要原因，如果你有控制體重的需要，只要把肥肉剔除，或基本上只挑脂肪少的瘦肉，再配上清淡、低油的烹調方法，就可以只吃營養不發胖。我們姊弟三人的子女、七個孩子在美國時，更是把大肉排當牛排肉那樣吃，他們還把大肉切片夾在燒餅裡，變化出原汁原味的「中式漢堡」呢！

材　料：梅花肉一塊約 900~1000 公克、蔥 4 支、薑 2~3 片、八角 1 粒
　　　　月桂葉 2 片、棉繩 2 條

調味料：醬油 5 大匙、酒 3 大匙、冰糖 1 大匙

做　法：

1. 梅花肉用棉繩紮成圓柱形，放入鍋中，用 3 大匙油煎黃表面，取出。

2. 放下蔥段、薑片及八角，用餘油炒香一下，放回肉排，淋下調味料和水 $2\frac{1}{2}$ 杯，煮滾後改用小火滷煮，約 1 個半小時，煮至喜愛的軟度。關火浸泡 1 小時。

3. 取出肉排切片裝盤，滷湯用大火略收濃稠一些，滴入少許麻油，再淋在肉排上。

美味關鍵 ＞選對位置　肉質香嫩

豬的兩條前腿中間包夾著心臟，因此前腿肉也稱為夾心肉。兩邊前腿肉中各有一塊長圓形的肉，即為通稱的梅花肉，瘦肉中帶著軟筋、油花，是前腿肉中的精華，這個部位肉質香嫩，整塊滷起來很像日式叉燒一樣，肉香凝聚，燒好再切大片入口，吃來最是過癮。

59

蔥燒蝦子海參

上海菜講究的是食材的新鮮、也就是季節性和火候，許多菜都是長時間的蒸、煮、燉、燜，使材料的本味和調味料（常用的就是紹興酒、醬油和冰糖）融合在一起呈現出來的。我想傳統上海菜給人濃油、赤醬又很甜的印象，但我因為跟婆婆學、是家庭式的上海菜，因此做法比較簡單、口味比較清爽，又因為有公公監督、把關，維持著上海菜的原汁原味。

蝦子大烏參是上海最著名的名菜，在民國 20 年代末期，由上海德興館廚師所創，海參雖有豐富的營養但鮮味不足，因此去用乾蝦子做配料，使海參味道更鮮。蝦子指的是曬乾的母河蝦卵，對於鮮味有加分效果，只是河蝦越來越少，也有用海蝦去做，但是海蝦的蝦卵色發黑又腥氣重，不過在大的南北雜貨店還是有賣好蝦子。

這道菜吃的是海參軟糯酥爛、口味濃厚鮮滑，一般要用烏參，但是媽媽偏好刺參軟滑中帶 Q 的口感，所以我常用刺參來發，這道菜很重要的關鍵，就是自己發烏參，把一個乾烏參發得 7~8 倍大，和外面買現成已發好的海參，口感有天差地別。

媽媽最喜歡海參的口感，也喜歡它易消化、零膽固醇。記得幾年前在台北市農會，開過兩期的上海菜課程，學生說吃了我做的上海菜，什麼上海餐廳都不想去了，心中免不了有少許的驕傲。整個課程中，每道菜都和學生分享，獨有燒海參時，我有點小私心，會打包一條，帶回去給媽媽享用。

材　料：海參 5 條、蝦子 1 大匙、花椒粒 1 大匙、蔥 4 支、薑片 3 片

出水料：蔥 2 支、薑 2 片、酒 1 大匙、水 4 杯

調味料：醬油 3 大匙、酒 1 大匙、鹽 ¼ 茶匙、冰糖 1 大匙、清湯 1 杯
　　　　太白粉水適量

做　法：

1. 海參用出水料煮滾，改小火煮 5~10 分鐘，撈出，如果是大海參可以打斜切成大片。

2. 蝦子在乾鍋中以小火炒香，盛出。

3. 鍋中用 2 大匙油爆香花椒粒，撈棄花椒粒，油盛出。

4. 另用 2 大匙油爆香蔥段和薑片，放入海參略炒，淋下醬油、酒、鹽、糖、清湯及一半量的蝦子，煮約 5~10 分鐘（依海參出水後的軟度而定），用太白粉水勾芡，淋下花椒油和剩餘的蝦子即可裝盤。

烹飪要訣 ＞ 北方式的蔥燒海參特別用花椒油增加香氣，我將它用在江浙菜的"蝦子烏參中"，也別有風味。

在我做的上海菜中，愛吃海參的媽媽最喜歡我做這道「蔥燒蝦子海參」。

從家常小菜做到請客菜，江浙菜好像也變成我最拿手的部分。

跟著她在廚房進進出出二十幾年，

結婚後和公婆同住，公婆是上海人，婆婆又燒得一手好菜，

美味關鍵 > 海參的發泡

1 乾刺參以每斤 40~50 支、較大的較好，50 支以上的較小。
2 泡在水中半天或一夜，刷洗乾淨。
3 換清水煮滾，改小火煮 10 分鐘，關火燜至水冷。
4 換水再煮一次，待水冷後，剪開腹腔，抽出腸砂。
5 再換水煮一次，燜至水冷，此時海參已漲大許多，如海參已夠軟，
　換水泡在鍋中，放置冰箱中，再放 1~2 天會漲發的更大。

烹飪要訣 >

乾蹄筋發泡方法：將蹄筋泡入冷油中，
開火，待油溫升高，蹄筋縮捲成短小
一節，用手沾水往鍋中灑，蓋上鍋蓋，
待無油爆聲，開鍋再灑水，重複 5~6
次至蹄筋起泡，取出立刻泡入冷水中，
泡 1 天即可使用。

紹子蹄筋

蹄筋算是發泡程度最繁複的小乾貨了，媽媽用發蹄筋的過程來磨我的耐性，我也在一次發蹄筋的大油爆中，體會到做菜不能急就章，照步數才會有好結果。

　　在媽媽開烹飪補習班時，發乾貨屬於高級班的課程，我在課堂上看過好幾次媽媽發蹄筋。當時還想，哪一位古人這麼了不起，知道豬後腳的腳筋能陰乾成蹄筋，油發後能變成美味佳餚。

　　乾蹄筋外型乾硬，要發泡成有彈性、勁度又有香氣的好食材，需先泡入冷油中，開火，待油溫升高，蹄筋捲曲、變彎狀時，快速以手指沾少量水往鍋中灑水，然後蓋上鍋蓋，蹄筋會隨著爆起的油泡而膨脹，待鍋中無油爆聲時，再開鍋再灑水，如此重複5~6次，至蹄筋分叉處起泡，取出立刻泡入冷水中，在室溫泡1~2天後、發漲了才可使用。

　　因為發蹄筋的油，會有腥臭味，不能再使用，媽媽就會用一鍋油多發些，每次發十幾根，發上3、4次，不過，每發一次就要站在鍋邊至少15分鐘，年輕的時候很不耐煩，就突發奇想，重複5、6次灑進油鍋的水，不能一次搞定嗎？有一次，我把約1/4碗的水量，一次倒進熱油鍋裡，結果大大的「碰！」一聲，鍋中的小氣泡變成大油爆，力量大到把鍋蓋往上衝撞，還好我當時站離油鍋遠些，熱油才沒有往我臉上噴。

　　既然這麼麻煩，幹嘛不買現成發好的？朋友們總會這麼問，但當他們吃到我家自己發的蹄筋，那彈Q的口感和去淨油氣與腥味的蹄筋香氣，絕不是外面買現成的可以相比的，也就知道，我們家為什麼這麼講究了。爸爸愛吃蹄筋、媽媽愛吃海參，每次發這兩種乾貨，總讓我想起和父母在一起的美好時光。

63

材　料：發好的蹄筋450公克、絞肉2大匙、香菇2朵、芹菜末2大匙
　　　　蔥末1大匙、蔥1支、薑2片

調味料：酒1大匙、醬油2大匙、糖1/4茶匙、鹽適量、太白粉水適量
　　　　麻油1/4茶匙

做　法：

1. 蹄筋放冷水鍋中，加蔥、薑和酒煮10分鐘，撈出沖涼，切成適當大小。
2. 香菇以冷水泡軟，切丁。
3. 起油鍋炒香絞肉，再加入蔥末和香菇同炒，有香氣後，放入蹄筋拌炒一下，淋下醬油和清湯約1杯，煮滾後改小火燒3~4分鐘。
4. 加鹽和糖調味，以太白粉水勾芡成稀滷，滴下麻油，撒下芹菜末即可裝盤。

紅燒獅子頭

紅燒獅子頭就是打牙祭的一道。

我又嫁給了上海家庭，有名的江浙菜都成了家中餐桌上的家常菜，

媽媽學菜學得廣，我家的口味沒有地域之分，

江浙菜中的獅子頭做法有許多種，有湯多的清燉獅子頭、有加蛤蜊和雞腳的紅燒獅子頭、還有包了蟹粉當餡料的蟹粉獅子頭。媽媽做的獅子頭是清燉的，湯汁顏色較淺，我婆婆教我的則要把肉丸子煎得比較焦香、湯汁顏色是淺咖啡色。

以前媽媽在食譜中寫到這道菜時，特別強調不能用絞肉，肉要分別剁，瘦肉粗切後細斬，肥肉則要細切成小丁後再粗剁數下，為的是讓獅子頭香嫩而能達到入口即化的口感。

但這種傳統的做法對家庭主婦來說實在太吃力了，在家做不妨就簡化用絞肉好了，不過回家後要再把絞肉再剁一下，讓肉產生黏性口感才會更嫩。絞肉放在大碗內加入拌肉料的時候，切記用手順著同一方向仔細調拌，並邊加料邊摔打肉，擲摔約 3 分鐘直至肉有彈性，要吃到美味的獅子頭，這個步驟是一定不能省略的。

材　料：豬前腿絞肉 800 公克、大白菜 600 公克、蔥 4 支、薑 3 片
　　　　太白粉 1 大匙加水 2 大匙調溶

調味料：（1）鹽 1/2 茶匙、蔥薑水 1/2~1 杯、酒 1 大匙、醬油 1 1/2 大匙、蛋 1 個
　　　　　　太白粉 1 大匙、胡椒粉少許
　　　　（2）醬油 2 大匙、鹽 1/4 茶匙、清湯或水 2~3 杯

做　法：
1. 豬絞肉大略再剁片刻，使肉產生黏性後放入大碗中。
2. 蔥 2 支和薑 3 片拍碎，在 1 杯的水中泡 5 分鐘，做成蔥薑水。
3. 依序將調味料（1）調入肉中，邊加邊攪動，以產生黏性，之後再加以摔打，以使肉產生彈性。
4. 將肉料分成 6 份，手上沾太白粉水，將肉做成丸子。鍋中燒熱 4 大匙油，放入丸子煎至焦黃，盛出。
5. 取 2 支蔥（切段），煎過後墊在砂鍋下，放上煎好的獅子頭，加入調味料（2），蓋上大白菜葉子，先以大火煮滾後改小火，燉煮約 1 個半小時。
6. 白菜切寬段，用 1 大匙油炒軟（或用熱水燙軟）後加入砂鍋中墊底，再煮至白菜夠軟即可。

烹飪要訣 ＞ 回家記得把絞肉細剁片刻，讓肉產生黏性，再放在大碗內加入拌肉料，用手順著同一方向仔細調拌，並邊加料邊攪，還要摔打肉，約 3 分鐘直到肉有彈性，燒出來的獅子頭才會細滑又有口感。

山東燒雞

媽媽是山東人，改良了這道「山東燒雞」，不讓河南的道口燒雞專美於前，

燒雞將雞炸了再蒸，與烤雞、燻雞不同，媽媽改良的方法，讓雞肉更香。

這是一道夏天吃的涼菜，本來用全雞，但太大隻不好做，後來改為只用雞腿，因為雞腿肉有彈性、更好吃。

這道燒雞重點在取花椒的香氣，花椒蒸過後，只留香氣不會麻。如果怕炸雞太耗油，可以用煎的。雞皮面朝下，一方面炸去些油脂，另外也增加香氣。燒雞做好放涼，可以直接切來吃或拌來吃。

每次做這道菜，就想起小時候，媽媽教學生做完這道菜，雞肉都被撕下來拌黃瓜，給學生們品嚐光了，我們小孩吃不到肉，助教會把剩下的雞腿骨拿給我們啃，教「香酥鴨」的時候也一樣，我們啃著剝完肉的鴨骨頭，因為很入味，啃起來還是津津有味，後來，當別人很羨慕我是傅培梅的女兒時，我常調侃自己說：

「我是啃骨頭長大的。」

材　料：半土雞腿 2 支、黃瓜 3 條、泡雞用醬油 1/3 杯

蒸雞料：花椒粒 2 大匙、蔥 2 支、薑 4 片

調味料：醬油 2 大匙、醋 2 大匙、大蒜泥 1 大匙、麻油 1 大匙、蒸雞汁 2 大匙

做　法：

1. 雞洗淨，擦乾水分，用醬油泡 1 小時，要常翻面，使顏色均勻。

2. 用熱油炸黃表皮，撈出，瀝淨油。

3. 將花椒粒和蔥段、薑片放在雞上，上鍋蒸 1 小時。

4. 黃瓜拍裂、切段，放入盤中。

5. 雞取出放至涼透，撕成粗條，堆放在黃瓜上，淋上調味料，食用前拌勻即可。

 烹飪要訣 ＞ 拍過的黃瓜口感較好，除去黃瓜籽後會覺得更脆。

炒炒肉

當年母親就是用這道菜來磨我的刀工。

看來不起眼，卻是我家很常做、很好吃的家常菜「炒炒肉」。

一說起我家的「家傳菜」，立刻浮現在腦海裡的就是，

◀ 32 年前，媽媽剛動完手術，烹飪班的課由她口述，我做示範。

「為什麼叫『炒炒肉』？」對於這道菜的奇怪菜名，小時候我曾問過母親這個問題。「就是菜裡面有肉嘛！」母親的答案，當時聽起來很敷衍，因為有肉絲的菜好多呢，為什麼獨獨這道叫炒炒「肉」？有時我把菜名說得太快，還會有人不解的問：「炒什麼啊？」

記得 32 年前，母親動完心臟手術後，體力較差，烹飪補習班的課就由她口述、我來示範，媽媽選炒炒肉給我集訓基本刀工，其難度在白菜、肉、香菇、木耳、胡蘿蔔、蔥，不同的材料因硬度質感不同而有不同的切法，香菇和肉較軟要用推刀切，蔥要先橫剖再打斜切，胡蘿蔔質地很硬，能把蘿蔔絲切得漂亮，算是練刀工的「升級版」了。

母親要求我要練到，不看刀子就能順利切完，同時動作要快速精準。「還要再快」「再快」，母親的催促聲、菜刀在砧板上「多多多」的快切聲，讓我至今每做這道菜，還是難忘當時的情景。從簡單基本刀工切小黃瓜、大黃瓜、冬瓜到雞去骨、魚去骨、片魚肉等高難度技法，我一一練到母親要求的標準，也到補習班上陣、示範教學了。然而在烹飪教學這一路上，很少誇獎人的媽媽，對我的廚藝沒有批評就算是肯定了。

沒想到 7、8 年前，我則是從切絲這個動作，發現一輩子講究刀工的媽媽，竟然已經無法拿菜刀了，那天是在準備電視錄影要用的菜，我請母親幫忙切薑絲，「媽，是切絲又不是切棒棒。」我看到她切的厚粗薑絲，小小調侃一下，沒想到話一出，看到母親露出很難過的表情，我才驚覺媽媽不對勁啊，後來果然查出，母親當時已有小腦萎縮的徵兆了。

爸爸晚年生病胃口不好的時候，每次我做「炒炒肉」，老人家就胃口大開；有一次他露出欣慰慈祥的笑容誇獎我說：「這道菜有做出媽媽的味道嘍！」看爸爸吃得津津有味，又聽到這句話，我感動地紅了眼眶，現在想起來那股悸動還是那麼鮮明。

雖然菜名以「肉」掛帥，整盤卻是大白菜為主角，而這道家常菜之所以常常出現在我家餐桌，我想，會不會是母親對愛吃肉的家人，補充我們青菜攝取量的用心及愛心，「補充點青菜吧！」現在我把這道菜端上桌時，也不禁會跟家人說這句話。

刀工大補帖：

刀工是中國菜表現美感的方式，其實它最主要的用意是使食材透過均勻的切割，能掌握火候的長短和調味料的入味。

初學做菜時不必要求太精細或高難度的刀工，最重要的是要 "切得均勻"，還好現在無論在超市或傳統市場裡買菜，有些基本上的分割和切配的工作已經替我們做好了。

常見的切割形狀有：塊、片、段、條（在肉類中常稱為「柳」）、絲、丁、粒、末（屑）、茸和泥。燒或燉的肉類宜切大塊，既耐煮、也可以保有肉的滋味；切片或切絲的食材會有不同的口感。熟練的刀工需要時間去練習，多找機會動手切，假以時日就會切得很順手了。

至於砧板，現在都知道切生的食材和熟的食物的砧板要分開。切生食的砧板，我習慣用木製的，比較不會滑刀，但是要保持乾爽。現在有一些新的材質製作的砧板，也可以比較一下，最好選購 2 塊搭配使用。

炒炒肉

材　料：大白菜 600 公克、肉絲 120 公克、香菇 3 朵、木耳 ½ 杯
　　　　胡蘿蔔絲 ½ 杯、蔥 2 支、香菜段 ½ 杯

調味料：醬油 1½ 大匙、鹽 ⅓ 茶匙、醋 ½ 大匙、麻油 ½ 茶匙

做　法：

1. 大白菜切絲；香菇泡軟、切絲；木耳泡軟、切絲；蔥也切斜絲；香菜切段。

2. 起油鍋炒散肉絲，盛出，再放入香菇絲炒香，接著再放白菜絲和胡蘿蔔絲，炒到白菜回軟。

3. 加入木耳絲，炒一下後加入醬油和鹽調味，大火拌炒。起鍋前撒下蔥絲，淋下醋和麻油烹香，關火後撒下香菜，即可裝盤。

美味關鍵 ＞重刀工更重火候

這道菜也重火候，大火炒，炒出乾爽，不能炒到白菜出水，而是要把白菜的清甜和爽脆表現出來，香菇的增香，肉絲的腴嫩，成為最佳配角，尤其起鍋前，用鎮江醋（或白醋）快速沿著鍋邊「烹」一下，利用大火翻拌使醋香散發出來，而且移香到整道菜中，最後再加點麻油，就是香酸有味、百吃不厭的「炒炒肉」。

雞鬧豆腐

雞鬧豆腐是家裡常吃的菜，做法簡單，端出來，蛋中有豆腐、豆腐中有蛋，老少咸宜又有營養，好吃又下飯，是我爺爺最愛吃的一道豆腐菜。

71

　豆腐和蛋都很有營養，把兩種食材放入一道菜中，菜名有趣的「雞鬧豆腐」，可說是蛋中有豆腐，豆腐中有蛋，是一道較清淡卻香氣十足的家常菜，老少咸宜，如喜歡蝦醬的味道，這道菜也可以用蝦醬調味。

　妹妹記憶中的雞鬧豆腐和我的不同，今年去美國參加她女兒徐怡的婚禮，並在她家小住了兩個星期，她說她的雞鬧豆腐是奶奶教的，要先將蝦皮和蔥花炒香，倒入豆腐泥，加水先燉豆腐，燉上幾分鐘後，再倒入蛋汁去炒至乾爽，兩個版本，一樣的好吃！

材　　料：豆腐 2 方塊、蛋 2 個、蝦皮 2 大匙、蔥 1 支、香菜少許
調味料：醬油 1/2 大匙、鹽 1/2 茶匙

做　法：

1. 豆腐切成大塊，放入開水中煮 3 分鐘後撈出，放涼，用叉子將豆腐壓碎。

2. 豆腐中加入蛋攪勻，再加調味料一起調勻。

3. 蝦皮用水沖一下，擠乾水分。

4. 鍋中燒熱 2 大匙油炒香蝦皮和蔥花，倒下豆腐泥，大火快炒至凝固，再續炒至乾鬆為止，撒下香菜段，一拌即可起鍋。

紅燒黃魚

餐餐都有魚是我家餐桌上的寫照。

其中「紅燒黃魚」營養又好吃，不必媽媽哄，「多吃魚才會聰明！」從小就聽媽媽這麼說，我們都愛吃。

從小養成吃魚的習慣，每次走到魚攤前，總忍不住停下來瀏覽一下，腦中浮現燒好後魚的香味，馬上勾起饞蟲。偶爾聽到身旁的買魚人問魚販：「這條魚該怎麼吃？」經常忍不住插嘴說一下心得。

黃魚是北方菜最出名的魚鮮，肉質細甜又嫩；以前買黃魚，還有真、假黃魚要注意判別的問題，現在真黃魚幾乎銷聲匿跡，市場上只見假黃魚（養殖的黃魚），為了口感，我寧可挑長不大的真黃魚種「小黃花」來做紅燒黃魚，或乾脆以馬頭魚取代。

燒這道菜，用 3、4 條小黃花來燒也一樣，魚洗乾淨先煎一下，燒魚的時間長短和魚的種類、魚肉的厚度有關，燒的時間比較久的話，水要酌量增加，同時切記不要常去翻動魚，因為會把魚翻破，可以用湯匙往魚身上多淋幾次湯汁，好讓魚肉入味。

「燒」的最大特色是入味好吃，因為在燒的時候加了水，藉著水的熱氣軟化食物，也可以減少用油量。除了黃魚，白帶魚也是我家常吃的，帶魚先煎香後與雪裡紅做「雪菜燒帶魚」，比只加蔥薑燒的，更有風味。

材　料：黃魚 1 條（約 500 公克）或小黃魚 3 條、豆腐 1~2 塊、大蒜 5 粒
　　　　蔥 2~3 支、青蒜 1/3 支
調味料：酒 1 大匙、醬油 3 大匙、糖 1/2 大匙、醋 2 茶匙、胡椒粉少許、水 2 杯
　　　　太白粉水適量、麻油數滴

做　法：
1. 魚清洗打理乾淨，擦乾水分。
2. 豆腐切厚片；大蒜切片；蔥切段；青蒜斜切絲。
3. 鍋中燒熱 2 大匙油，放下魚煎至微黃，翻面再煎。
4. 再煎一會兒後便可放入大蒜片和蔥段一起煎，待蔥、蒜變黃時，淋下酒和醬油，再加入糖、醋和胡椒粉，最後倒入水，放下豆腐。
5. 先以大火煮滾，再改成中小火，蓋上鍋蓋慢慢燒。燒的時候要不斷的用大匙舀湯汁往魚和豆腐上澆淋，同時也要轉動鍋子，使湯汁流動、能沾到魚身。
6. 燒到湯汁剩 1/3 杯左右，淋下少許太白粉水略勾芡，關火，滴下麻油，撒下青蒜絲，將魚和豆腐全部滑入盤子裡。

烹飪要訣 ＞ 煎魚時要等魚煎黃、外表較硬時再翻面。燒的時候也不要常去翻動魚，以免魚身支離破碎，只要用湯匙舀鍋裡的湯汁往魚身上多澆淋幾回，魚肉一樣可以燒得入味。

起司焗明蝦

那時候的鴻霖西餐、藍天、美軍俱樂部，明星咖啡、主婦之店、中心餐廳都有好吃的西餐，

記不得從什麼時候開始，家裡的餐桌上也出現西餐廳才吃得到的起司焗明蝦。

媽媽在電視節目中也會請西餐師傅和一些外籍人士，來示範西餐和西點的教學，靈巧的媽媽利用有限的材料，在家中把我們當成實習對象來練習，沒過多久，去餐廳吃西餐就沒那麼吸引我們了，因為在家裡吃西餐要過癮多了，炸蝦排、紅燴牛舌、炸豬排、葡國雞可以盡量吃個夠，而不是一人一份的解饞而已。

近來在國內外也吃過不少精緻的法式、義式美食，但是真正對胃且令我懷念的卻是小時候就吃慣的西餐，我叫它們是家庭西餐——可以很容易在家裡做的西式餐點！「起司焗明蝦」因為有明蝦，我把它列為打牙祭或請客菜，也是家裡過年招待客人很受歡迎的西式口味。

這道菜裡面的水煮蛋會結合明蝦的香氣，所以連蛋都很好吃，超愛吃蛋的女兒總是把蛋先挑出來吃，而且她學做菜就先學這道，為的就是裡面的焗蛋。如果不放明蝦，用同樣的材料做道「起司焗烤蛋」味道也很不錯。

家庭西餐 大補帖：
炒麵糊

做西餐，炒麵糊是很重要的基本功，加了它不僅可使湯汁濃稠，還會有香氣，而且它勾出來的芡汁可以保持濃度、不會還水變稀。基本上做濃湯時，1 大匙的麵粉可以調 $2/3$~$3/4$ 杯的湯，而焗烤時 1 大匙的麵粉則配 $1/2$ 杯湯的量。

材　料：麵粉 6 大匙、油 5 大匙、奶油 1 大匙

做　法：

在 4、5 分熱的溫油中放下麵粉，用小火慢炒，油的量以能把麵粉炒化開即可，大約是等量（1 大匙油炒 1 大匙麵粉），要炒到麵粉微黃、沒有生麵粉的氣味（圖 1）。盛出放涼後裝入保鮮盒中，以常溫度儲存，可以放 1、2 個星期或冷藏或冷凍 2~3 月。要做焗烤時則加水攪勻，再加入奶油增加香氣（圖 2），最後淋下鮮奶油或牛奶（圖 3），增加滑順的口感。

要用時取需要的麵粉糊量放入碗中，加冷水調成稀糊，慢慢的加入湯中或醬汁內，攪勻成適當的濃度。再以小火煮 2~3 分鐘使濃湯滑順、有光亮。

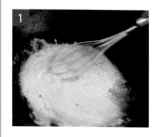
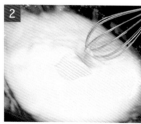
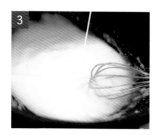

材　料：明蝦 6 隻、洋菇 6~8 粒、白煮蛋 4 個、奶油 1 大匙
　　　　麵粉 4 大匙、清湯或水 3 杯、鮮奶油 1 大匙或鮮奶 3 大匙
　　　　Parmesan Cheese 起司粉 1~2 大匙、披薩起司 1 大匙
調味料：鹽、胡椒粉各少許，太白粉適量

做　法：
1. 明蝦剝殼、抽砂腸，視大小切成 2~3 小塊，撒少許鹽和胡椒粉醃一下。
2. 白煮蛋每個切成 5 片；洋菇也切片。
3. 燒熱 4 大匙油，放入蝦塊炒至 9 分熟，盛出。放入洋菇再炒一下，加入麵粉，
　　小火炒至微黃，慢慢加入清湯，邊加邊攪成均勻的糊狀，加鹽、胡椒調味。最
　　後加入奶油和鮮奶油調勻，關火。
4. 烤碗中盛放白煮蛋，同時加入明蝦料，全部裝好後，撒下起司粉和起司絲。
5. 烤箱預熱至 220℃，放入烤碗，烤至起司融化且呈金黃色即可。

粉絲四味

因此粉絲一直是家中常備的小乾貨，我們的食譜書中也教了不少粉絲菜餚，泡軟、吸了湯汁的粉絲，帶著香氣滑溜入口，是我們家很喜愛的吃法，

精選出這 4 道的粉絲菜，是家人的最愛，其中「雪菜肉末粉絲湯」有絞肉、雪菜和筍子的味道融合在一起，加粉絲煮成一鍋，湯鮮爽口，既可當正餐的湯，也是家人晚上肚子餓，最好的消夜點心。

粉絲通常是看菜式再決定用什麼樣的水溫去泡，若是需要再煮入味的，以冷水泡軟為佳，因為粉絲下鍋後加調味料去煮時，它可以繼續再膨脹、吸味。如果不要粉絲下鍋後吸收太多湯汁，就用溫熱的水去泡軟，使粉絲多膨脹一點。

粉絲泡軟，下鍋前，先剪短一點，比較好挾取。用粉絲做成的菜，裝盤後還會再膨脹，因此湯汁要多些，以免湯汁漲乾了，粉絲黏成一團，不好吃也不好看。

前不久，聽弟弟顯灝說，有一晚他獨自一人在家想吃雪菜粉絲湯，但想了半天，不確定粉絲要不要泡水，後來才想起來，看過小盆裡泡著粉絲的畫面，顯然他有「耳濡目染」，不過也顯見，我們家的男人不進廚房、不做家事到這個地步。

四季豆燒粉絲

材　　料：四季豆 450 公克、絞肉 80 公克、粉絲 2 把、蔥末 1 大匙

調味料：醬油 1 大匙、鹽 $\frac{1}{2}$ 茶匙、水 1 杯、麻油少許

做　法：

1. 選用較短扁而翠綠之嫩四季豆，摘去兩端及兩邊之硬筋，切成兩段。

2. 在鍋內將 3 大匙油燒至極熱，放下四季豆用大火煸炒，至四季豆變軟後盛出（約 3 分鐘）。

3. 放下絞肉炒散，再加入蔥末同炒片刻，淋下醬油、鹽及水，放下四季豆同燒約 3 分鐘。

4. 加入泡軟之粉絲，再燒煮 2~3 分鐘，如湯汁仍多，可改大火將湯汁收乾，淋下麻油少許便可裝盤。

酸菜牛肉粉絲

材　料：酸白菜 300 公克、牛肉絲 80 公克、粉絲 2 把
　　　　蔥 2 支

調味料：（1）醬油 1 茶匙、水 1 大匙、太白粉 1/2 茶匙
　　　　（2）醬油 1 大匙、鹽適量、1/2 杯清湯或水

做　法：

1. 酸白菜快速沖洗一下，逆絲切成細絲（較厚的地方可以先橫片一刀，再切細絲），將水分擠乾。

2. 牛肉絲用調味料（1）拌勻，醃 10 分鐘；蔥切成蔥花。

3. 鍋中燒熱油 3 大匙，放入牛肉絲炒熟盛出。加入蔥花炒香，接著放下酸白菜絲同炒，大火炒至香氣透出，加入泡軟的粉絲和清湯（或水），煮 2~3 分鐘使味道融合。

4. 加入牛肉絲，可加少許鹽調味，並依喜好撒下蔥花、香菜或加一些紅辣椒絲拌合，裝盤，做為一道菜上桌。

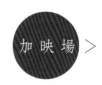

加映場 >

這道菜還可以變身為酸菜肉絲麵：酸菜肉絲放小湯鍋中，再加約 4 杯的清湯，煮滾。細麵另放入滾水中煮熟，撈出放入酸菜湯中，再煮滾後加適量的鹽調味即可。

雪菜肉末粉絲湯

材　料：絞肉 80 公克、雪菜 150 公克
　　　　筍絲 ½ 杯、蔥花 1 大匙、粉絲 2 把
　　　　紅辣椒 2 支、清湯 3 杯

調味料：醬油 1 大匙、鹽 ¼ 茶匙、糖 ½ 茶匙
　　　　水 ¼ 杯

做　法：

1. 雪菜漂洗乾淨，擠乾水分，由梗部切細末，（老葉部分不要）；辣椒切細絲。

2. 用 2 大匙油爆炒蔥花和絞肉，至肉已熟透，放下辣椒和雪菜來拌炒，再加入調味料，大火拌炒均勻。

3. 粉絲泡軟，放入煮滾且調味的清湯中，煮一滾即關火，盛入碗中之後放下適量的雪菜肉末。

銀蘿燒粉絲

材　料：肉絲 80 公克、白蘿蔔 1 條（約 500 公克重）
　　　　蔥 1 支、粉絲 1 把、香菜 2 支

調味料：（1）醬油 1 茶匙、水 2 大匙、太白粉 ½ 茶匙
　　　　（2）醬油 1 大匙、鹽 ¼ 茶匙、水 1 ½ 杯
　　　　胡椒粉少許、麻油數滴

做　法：

1. 肉絲用調味料（1）抓拌一下，醃 10 分鐘。

2. 白蘿蔔削皮、切成粗絲；粉絲泡軟，剪 2~3 刀；香菜連梗切小段。

3. 鍋中用 2 大匙油先炒熟肉絲，盛出，再放下蘿蔔絲同炒。

4. 炒到蘿蔔絲變軟後，加入醬油、鹽和水，大火煮滾後改小火，燜煮 6~7 分鐘。

5. 加入粉絲和肉絲，挑拌均勻，再酌量加鹽和胡椒粉調味，煮至粉絲軟了，關火、滴下麻油，拌入蔥花和香菜段。

四季紅魚麵

對愛喝湯的我來說，一碗熱呼呼的湯麵最能滿足我的嘴和胃。湯麵要做的好吃，湯頭當然是關鍵之一，但除了用大骨熬的高湯之外，利用炒香的材料、烹香的調味料和增香的辛香料，一樣能使湯頭有香氣和鮮味。

結婚之後看婆婆煮麵，覺得和我們北方人的麵最大不同之處是湯頭，她老人家無論是煮大肉麵、豬腳麵或排骨麵，都是在碗中加醬油、鹽和麻油，再沖下熱開水做湯底，麵條一定要順一下排放在碗中，最後把肉放在上面，她說肉類已經夠味道了，不需要再用高湯，的確，吃了肉之後喝清爽的湯就一點都不膩了。

四季紅魚麵是多年前我為病中的父親，特別烹煮的麵，將剛煮熟的紅魚小心取下肉來，以保持魚肉的鮮味，再將魚骨和魚肚子熬煮成鮮美的魚湯。過濾後在湯中再添加切成絲的四季豆，取其清甜滋味，並把細麵條煨煮一下、使麵條入味，最後再放入紅魚肉，一條紅魚只做成一碗麵，我希望它能維持爸爸的體力。父親去世後我很少做這道麵，因為它往往使我想起爸爸而落下淚來。

材　料：紅魚（赤鯮）2 條（300 公克）、四季豆 150 公克、蔥 2 支
　　　　薑 2 片、細麵條 300 公克
調味料：酒 1 大匙、鹽適量、胡椒粉少許

做　法：

1. 紅魚刮鱗洗淨後，擦乾水分；四季豆斜切成細絲。

2. 燒熱 3 大匙油爆香蔥、薑，再放下紅魚略煎，淋酒並注入水 6 杯，煮滾後改小火煮約 5 分鐘。

3. 挾出紅魚，待稍涼後細心剔下兩面之魚肉（盡量保持大片），再將魚頭、魚骨及肚子部分放回湯中，再熬煮 20 分鐘、至鮮味入湯中，用細篩網過濾。

4. 細麵煮熟，過一下冷水後，放入魚湯中，再加四季豆絲及調味料，小火煮約 5 分鐘，放下魚肉再煮，一滾即裝入碗中。

烹飪要訣 > 紅魚肉細、味鮮，如果覺得去骨麻煩可以整條燒，但是要小心魚刺。

每次煮這碗湯麵總會想起爸爸，讓我憶起和爸爸共處的種種往事。

這道麵是爸爸在晚年生病時，因為沒有胃口，我為他特別做的一道湯麵，

在我會做的四、五十道湯麵中，最有感情的是「四季紅魚麵」，

程家紅燒牛肉

有一次兒子下班回來，我問他想吃什麼？他點的是：「牛肉拌麵。」

我回他說：「兒子，要吃到牛肉拌麵，之前有很長的一段路要走。」

我和先生、兒子、女兒一家四口都愛吃牛肉，常常要用砂鍋燉上一鍋紅燒牛肉打牙祭，同時用這鍋牛肉湯汁拌麵，更會吃得精光。紅燒牛肉要做得好吃，牛肉好不好很重要，我一向都在東門市場固定的牛肉攤買牛肉，有一次，試著買別家的牛肉，當時在攤商的木頭攤上已看到水漬，心中有點起疑，買回來一煮，果然牛肉縮得很厲害、又不香，我猜想，或許是店家灌了水好增加肉的重量。

我試過，用台灣牛肉煮紅燒牛肉最好吃，比進口的美國牛肉、澳洲牛肉好吃多了，進口牛肉燒出來就是沒那麼香。至於選什麼部位？牛肉中適合紅燒的部分有肋條、腱子、牛腩多種，因為這些部分是肉與筋混合，燒過後不會太乾，筋的部位煮熟後，具韌性和彈力。

牛肉最嫩的當然是在脊椎內側的小裡脊、現在大家都稱為菲力的部位。但是一隻牛身上只有兩條，量非常少，因此常用的還有大裡脊肉，這是可以用來炒的。肋條是帶著筋、帶著油花的瘦肉，燉煮紅燒牛肉最好吃。前腿及後腿都可以開出腱子肉，不會有油花分布在瘦肉中，但是筋多且肉味極佳，除了滷之外，可搭配著放入紅燒牛肉中。喜歡吃筋、皮的，則可選牛腩的部位。

我發現牛肉整塊燒好再拿來切塊，比一開始就切塊煮要來得香，因為肉整塊煮，肉香不會散掉，這和我們煮大肉是同樣的原理。腱肉約煮3、40分鐘，肋條則約燒一個小時；腩肉煮一個半小時，約6、7分爛，拿出來稍涼後再切成適當大小。這時開始炒醬料，然後再一起紅燒約一小時。

紅燒牛肉有多種做法，廣式多與蘿蔔同燒，味道清淡，上海式的紅燒則用冰糖燒出來，顏色較亮並偏甜，川味紅燒最具特色，因為放了辣豆瓣醬而有醬香，又辣得夠味。我愛用「寶之川」的辣豆瓣醬，蠶豆發酵的很香、顏色紅但不很辣，我綜合了上海和傳統川味的紅燒牛肉，也是我弟弟的最愛，就是我們程家的口味。

83

程家紅燒牛肉

材　料：牛肋條和腱子肉 2 公斤、牛大骨 4~5 塊、大蒜 5 粒、蔥 5 支
　　　　薑 5 大片、八角 2 顆、花椒 1 大匙、紅辣椒 2 支
調味料：辣豆瓣醬 2 大匙、紹興酒 3 大匙、醬油 ¾ 杯、鹽適量

做　法：

1. 牛肉整塊和牛大骨一起在開水中川燙 1 分鐘，撈出、洗淨。再放入滾水中（水中可酌量加蔥 2 支、薑 2 片和八角 1 顆），煮約 40~50 分鐘。肉撈出、大骨繼續再熬煮 1 小時。牛肉涼後切成厚片或切塊亦可。

2. 另在炒鍋內燒熱 2 大匙油，先爆香蔥段、薑片和大蒜粒，並加入花椒、八角同炒，再放下辣豆瓣醬煸炒一下，繼續加入酒和醬油，用一塊白紗布將大蒜等撈出包好。

3. 將牛肉放入汁中略炒，加入大蒜包及牛肉湯（湯要高出肉約 5 公分），再煮約 1 小時至肉已爛便可。

加映場 ＞紅燒牛肉拌麵

吃剩的紅燒牛肉適合來做拌麵，完全不浪費，將紅燒牛肉的湯汁放在麵碗中，加適量的鹽、黑胡椒、1 茶匙醋和 ¼ 匙麻油，再將麵條煮熟後撈出，放入碗中，放上紅燒牛肉（如果還有剩的）及蔥花，挑拌均勻便可上桌。

蝦醬炒蛋

跟人生不經一番寒徹骨,那得梅花撲鼻香的道理一樣!

初聞是臭的,一旦經過熱油炒製,臭味轉成濃香,

蝦醬這東西很妙,

85

　　北方人喜歡吃蝦醬,蝦醬是很奇特的醬料,初聞味道很臭,但經過熱油炒過後,香味散出、增加風味,又會令人著迷。

　　我尤其喜歡蝦醬和蛋融合起來的味道,炒蛋是最常用的一種蛋的烹調方法,炒蛋時,油的用量要多一些,火要大一些,才能炒出蛋的香氣,絕對不要油溫不夠下鍋,蛋既含了油又沒香氣。

材　料:蛋4個、蔥1支
調味料:蝦醬 1 1/2 茶匙

做　法:
1.蛋打散;蔥切成蔥花。
2.蝦醬放入碗中,先以少量水調稀一點,再加入蛋汁中調勻。
3.鍋中加熱 2 大匙油,放下蔥花先爆香,再將蛋汁倒入鍋中,炒至蛋全熟即可。

一品鍋

主要是要達到湯濃醇、料鮮美的美食境界。

「一品」指的是最頂級的砂鍋，

過生日、過節，家裡有大場合就要備一品鍋登場。

這道砂鍋菜食材名貴、費工耗時，江浙菜中的「火瞳燉雞湯」算是一品鍋的「原始版」，火瞳就是金華火腿中豬腱子的部位，用土雞、小蹄膀、金華火腿、干貝煮出香味濃郁的雞湯，是很名貴的菜。

土雞加不同的配料，可以燉出許多美味，用砂鍋更可以保持原汁原味，即使只用香菇、筍子、鳳梨苦瓜、白菜豆腐都可燉出好滋味。在吃完主料、喝了湯之後，還可以加白菜、豆腐、粉絲再燉煮一回合。自己在家做其實並不難，最後還可以煮碗雞湯煨麵。

材　料：土雞或半土雞 1 隻、小蹄膀 1 個、金華火腿 1 塊（火瞳部分）
　　　　干貝 3~4 粒、竹笙 8 條、大白菜 600 公克、蔥 3 支、薑 1 片
調味料：紹興酒 2 大匙、鹽適量

做　法：

1. 火腿、土雞和蹄膀都用熱水燙 2 分鐘，取出沖洗乾淨。火腿可以整塊燉或切成兩大塊。
2. 竹笙泡水發開，泡軟後用水多沖洗幾次，直到水很清，切掉兩頭，再切成段。大白菜洗淨切長段；干貝沖洗一下。
3. 大砂鍋中煮滾 10 杯水，鍋底墊上 2 片白菜，再將火腿、土雞和蹄膀放入鍋中，再放入蔥段、薑片和干貝，淋下酒，蓋好蓋子，以大火煮開，改小火燉煮 2~3 小時。
4. 大白菜燙過後放入砂鍋中，同時放入竹笙，再燉 20 分鐘。嚐味道後酌量加鹽調味。

美味關鍵 ＞選對火腿 ＋ 耐心等候 ＝ 一鍋好湯

1. 火腿是否新鮮要先聞一聞，是否有油耗氣味，其次看瘦肉顏色要紅、肥肉顏色要白，不能帶有黃色。金華火腿的火瞳部位，最適宜燉湯，帶著筋的肉吃起來也不會乾硬。食材選對了，還要看耐性了，因為這是一道細火慢燉的上好湯品。
2. 喜歡吃雞肉的話，雞也可以晚 1 個小時再放入鍋中同煮。

砂鍋魚頭

讓家中飄出砂鍋魚頭濃濃的香氣、燉出醇醇的美味！
每當天氣開始轉涼，就想燉上一鍋熱呼呼的砂鍋菜，

我常想，做一個現代人是很幸福的，就以日常的小家電、廚房中的用具來說，都不是二十幾年前、我剛學做菜時所能比的。

以砂鍋為例，早年用砂鍋做菜，總是戰戰兢兢。新買回來的砂鍋要先煮米湯來養鍋，以此填滿縫隙；在爐火上加熱的時候只能用小火；上桌時要在鍋底墊上乾毛巾，以防它禁不住冷熱的溫差而出現裂痕。一個砂鍋好像傳家之寶，遇到做砂鍋菜時才從櫃子裡捧出來。當時的砂鍋清一色是土黃、粗粗的，用砂質陶土燒成，沒有造型和花色的變化。

大約十幾年前，市面上出現日本進口的砂鍋，各種尺寸都有，上了釉、更有許多圖案，替砂鍋帶來了美麗的新貌，同時因著燒製技術的進步，它不再那樣脆弱、難以呵護了。現在我們使用砂鍋，一方面因為它具有傳統上的優點：可以在慢慢的燉煮中，讓食物滋味融合；再者它的鍋體厚實，水分不易蒸發，能保留食物的原味；同時它的保溫效果好，上桌後仍能長時間保持熱度，留住食物的美味。

「砂鍋魚頭」就是用砂鍋做的名菜，家裡有人過生日時常會煮上一鍋，記得弟妹慧懿和姪女詩蘭愛吃魚眼睛，我則最愛墊底的大白菜和粉皮。

材　料：鰱魚頭 1 個、五花肉 120 公克、香菇 6 朵、筍 2 支、豆腐 1 塊
　　　　大白菜 600 公克、粉皮 2 疊、蔥 2 支、薑 2 片、紅辣椒 1 支
　　　　青蒜 1/2 支

調味料：酒 3 大匙、醬油 6 大匙、鹽 1 茶匙、胡椒粉 1/4 茶匙

做　法：

1. 魚頭先用醬油和酒泡 10 分鐘。五花肉、泡軟的香菇和筍分別切好。

2. 白菜切寬條、用熱水燙一下；豆腐切厚片；粉皮切寬條；青蒜切絲。

3. 用 5 大匙油將魚頭煎黃，先放入砂鍋中。再把蔥、薑放入鍋中爆香，接著放入五花肉、香菇和筍子等炒至香氣透出。

4. 淋下剩餘的醬油、加入紅辣椒（整支不切）和調味料，注入水 8 杯，大火煮滾後一起倒入砂鍋中，改以小火燉煮 1 小時。

5. 放下豆腐燉煮 10 分鐘，再加入白菜，煮至白菜夠軟。

6. 最後放下粉皮，再煮一滾。適量調味後撒下青蒜絲即可上桌。

滷味大拼盤

我喜歡自己配滷包，感覺有自己的味道。

如今我的滷包增多了辛香料，共有十三樣，當時台北信義路的福壽堂還有賣「傅老師的配方」，

媽媽教做滷味，用六、七種辛香料做滷包，

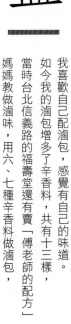

小時候爸爸常帶我們姊弟去西門町看電影，上老天祿買滷味是一定會附帶的福利，我常常看著櫥櫃，猶豫不決該挑哪種，每一樣都很誘惑我。後來媽媽因為烹飪班上課的需要，養了一鍋滷湯，我們就常常有好吃的滷味當零嘴，每當媽媽滷東西的時候，味道真是香到不行。

烹飪班的那鍋滷湯是媽媽的寶貝，每 4~5 天要拿出來煮滾一次，冷了再整鍋放進冰箱去冷藏，助教負責顧著滷湯，一顧就是二十幾年，那鍋滷湯也養大了我的孩子。從前家裡人口多，常常滷一鍋滷菜來吃，剛滷好透著香，切一切直接上桌，另外再留一些，過幾天搭配蔬菜，變個樣子再上桌，又會被一掃而空，滷菜永遠是我得力的好幫手。

記得幾年前，兒子買了一袋滷味燙回家給我吃，我才發現滷味又有了新生命，加了許多蔬菜燙一燙拌著吃，更符合滷「菜」的名字，真的是滿好吃的（因為是兒子買的？）。

滷湯大補帖：

「滷」在中國烹調法中是獨立的一種方法，滷湯在滷煮的過程中要蓋過材料，它和紅燒、燉煮都不一樣！傳統的滷湯有白滷和紅滷之分，但一般人對紅滷，也就是醬油滷比較熟悉。滷湯中的美味一方面靠每次做滷菜時累積下來食材的鮮味，另一方面就是靠五香滷包和調味料加熱後產生出的綜合香味。

滷湯的香氣取決於五香滷包，通常在超市或雜貨店可以買到用耐煮棉紙包做的簡易滷包。如果要香氣更足，可以到中藥房買他們配好的五香滷包，他們把香料略加打碎後，再以棉布口袋包紮起來。基本上包括有：花椒、八角、桂皮、丁香、三奈（沙薑）、小茴香、草果、陳皮和甘草。店家都有自己的獨門祕方，加入不同的藥材，並以不同的比例去調配。

除了以上的香料，我再加上月桂葉、荳蔻和黑、白胡椒粒，每次依照滷的材料不同，把香料略做調整。這些香料中，屬於重味道的有八角、花椒、丁香、桂皮和草果，可以去除腥羶氣味，每次滷牛肉、牛肚、豬肚或是大腸等一些內臟類時要多加一些。其他的香料比較溫和，有時候少了一、兩種也無妨。

第一次做了滷菜後就要把滷湯保存起來，以後就不用重複去做滷湯了，累積數次後，滷湯的味道會越來越好！傳統做滷味時最好用砂鍋、陶鍋來滷，每次滷過後，要撈出滷湯中的渣質，再煮滾，等放涼後冷藏，每 3~4 天加熱一次，防止變酸。也可以放涼之後放入冷凍庫冷凍，但是最好還是常滷，才會累積鮮味和香氣，畢竟冷凍久了還是會有冰箱的味道。

辛香料：大蒜 4~5 粒（略拍裂）、蔥 2 支、薑 3~4 片、紅辣椒 2 支

五香包：八角 2 顆、花椒 1 大匙、桂皮（3 公分）2 片、丁香 4~5 粒
沙薑 2~3 片、小茴香 ½ 大匙、草果 1~2 顆、荳蔲 5~6 粒
陳皮 1 片（2 公分直徑）、甘草 1~2 片、月桂葉 2~3 片
白胡椒粒 2 茶匙、黑胡椒 2 茶匙

調味料：米酒 1 杯、醬油 2 杯、高湯 8 杯、冰糖 1 大匙、鹽 ½ 大匙

做　法：

1. 鍋中加熱油 2 大匙，爆香薑片、蒜和蔥段，淋下酒和醬油炒煮一下，放入五香包、高湯、冰糖、鹽和紅辣椒 1 支，大火煮滾，改小火煮 20 分鐘，做成滷湯，再加要滷的材料去滷煮和浸泡。

2. 第一次滷肉的量不多時，五香包不要一起滷，煮 20 分鐘後先取出來，放入塑膠袋中保存，下一次滷時再放入滷湯中，以免五香味太重。也可以把五香料平均分兩包，如果滷時聞到五香味太重，可以取出一包。

3. 只有在第一次做新滷湯時要起鍋炒香，以後有肉的油和香氣就不用起鍋爆香了。再做滷菜時，只要酌加辛香料和調味料，或者把前次保留的舊滷包加入一起滷，滷過 2~3 次，香氣變淡時再換一個新的五香包。滷的時候雖說用小火，但也要維持湯汁微微在滾動，火太小也不行。

滷味大拼盤

食材的選擇：牛腱 2 個、豬肝 1 塊、豬肚 1 個、花枝肉 1 個、雞腿 2 支、雞肫 8 個、雞蛋 8 個

滷汁的材料：花椒、八角、桂皮、丁香、三奈（沙薑）、小茴、豆蔻、甘草、草果、陳皮各適量
或五香包 1 個、蔥 2 支、薑 2 片、蒜 2~3 粒、辣椒 1 支、醬油 1 杯
酒 ½ 杯、冰糖 1 大匙、鹽適量、高湯 10 杯或五花肉 1 塊

食 材 處 理：

1. 依上述方法做成滷湯。

2. 要滷的葷材料分別清洗後燙水，取出後再沖洗一下。豬肚或牛肚要另用湯鍋先煮 1 至 1 個半小時（8 分爛），水中要加酒、蔥段、薑片、八角 2 顆和白胡椒粒 1 茶匙。

3. 雞蛋放冷水中，水中加少許鹽，煮成白煮蛋，剝殼。

做　法：

1. 滷味需要滷煮和浸泡，每種材料所需的時間不同，每個人喜愛的口感也有差，一般而言，牛腱子需滷 1 小時、泡 4~6 小時。

2. 豬肚滷 20 分鐘、泡 2 小時。

3. 豬肝滷 10 分鐘、泡 1 小時。

4. 全雞（約 3 斤重）滷 25~30 分鐘、泡 1 小時。

5. 雞腿滷 12 分鐘、泡 1 小時。

6. 雞肫滷 20 分鐘、泡 1 小時。

7. 雞蛋可以只用浸泡的。

烹飪要訣 ＞

泡過的滷菜可放冰箱冷藏，上桌之前切盤，以室溫回溫或快速微波一下，淋上調好的滷汁（滷湯加麻油），撒上蔥花或香菜。

另外也可以滷海帶、豆腐乾、素雞等素的材料，最好是取出滷湯分開滷，以免滷湯容易壞。

瑤柱烤白菜

「瑤柱焗白菜」就是常吃的一道中西融合的菜。干貝更是我家必備的小乾貨。

焗烤加上起司的做法和口味，家裡大大小小都很能接受，

干貝在眾多小乾貨中，是最具有鮮味的一種，處理也很簡單。我從小跟著爸爸把干貝當零食吃，連孫子輩都愛吃爺爺給的干貝零嘴。

干貝從前因為產量少、價格高，多半出現在酒席上，和一般家庭烹調有距離，現在的價錢比較便宜，依照干貝的大小不同，一斤約在 1300~1800 元，小的可以秤到 100 粒之多，大的也有 60~70 粒，算是很實惠的。

干貝是把海洋中斧足綱、扇貝科和江珧科貝類的肉柱去加工乾燥製成的，因此也被稱為「江珧柱」（江瑤柱）或簡稱「瑤柱」。在凡事講求要有好口彩的香港，到商店中會看到寫著「元貝」，粵菜餐廳的菜單上寫著「瑤柱」，這兩種名稱其實都是指干貝。干貝本來應該是乾的貝類——乾貝，因為廣東人不喜歡「乾」，即使新鮮干貝他們也稱為「帶子」。如果你看到菜單上寫著「瑤柱甫」，那就表示上桌時是用整粒的干貝呈現的菜式，也就更名貴了。

干貝不能僅僅用泡的，一定要先蒸過，通常簡單一點就是洗一下後放入大碗中，加入超過干貝約 2~3 公分的水，放置約 10 分鐘讓它吸入一點水後，放入鍋中蒸約 20 分鐘，再燜上 5~10 分鐘，它就會蒸透、漲發，嚴格說起來，蒸的時間長短，其實還要依照菜式來決定，如果烹調時還需要和其他材料再一起燉煮一下、使菜入味的，就不需要蒸太久，以免干貝本身沒有鮮味和口感。我婆婆比較講究，她都會加一點紹興酒一起蒸，以便去腥增香。

愛烹飪的人，可以蒸一些干貝放在冰箱裡，隨時取用，無論增鮮或提香，真的都很方便。

95

材　料：瑤柱（干貝）5 粒、白菜 1 公斤、蔥屑 1 大匙、麵粉 3 大匙
　　　　鮮奶油 2 大匙、帕米森起司 2 大匙

調味料：鹽 $1/2$ 茶匙、清湯 $2 1/2$ 杯

做　法：

1. 瑤柱沖洗一下，加水 $2/3$ 杯，蒸 30 分鐘，放涼後略撕碎。

2. 白菜切成 2 公分寬段，用油炒軟，加少許鹽調味，盛出白菜，湯汁和蒸瑤柱的汁一起加入清湯中留用。

3. 用 3 大匙油炒香麵粉，加入清湯，邊加邊攪勻成麵糊，放入瑤柱拌勻，盛出 $1/4$ 量。

4. 把白菜放入瑤柱糊中拌勻，裝入烤碗中，淋下先盛出的糊，再撒下起司粉。
　烤箱預熱至 200℃，放入白菜烤碗烤至表面成金黃色，取出。

烹飪要訣 >　干貝很會吸水，所以蒸時水要多放一些，以免蒸不均勻。家庭中使用可以一次多蒸幾粒，蒸好後放涼，再連汁分裝成小包，冷凍起來方便以後取用，就不必每次都要蒸。干貝的邊上有一小塊硬硬的邊不容易嚼爛，要把它剝除，你可以剝掉後再來蒸，但是我覺得它也有一點鮮味，所以都是蒸好後再剝掉。

鹹蛋蒸肉餅

請絞肉當主角的「鹹蛋蒸肉餅」，下酒下飯、也是帶便當的好菜。

很少有一種單一的食材比得上絞肉，這麼容易取得、便宜、美味、又有這麼多變化；

我在做菜的時候，不喜歡添加人工增味劑，總希望能藉由辛香料的爆香和食材本身的鮮味，來使一道菜香噴噴的上桌，絞肉就變成我常用來增鮮的秘密武器。

絞肉經由絞肉機擠壓出來時，是成顆粒狀的，如果要做肉餅或肉丸類的菜式，最好用刀先剁一下，使它略細一點、也更有黏性，再放入較大的容器中，加鹽和水（或蔥薑水）、朝同一方向攪拌，使肉產生彈性，因為吸收了水分、絞肉會膨脹而變嫩；然後再加入其他調味料（醬油、酒、蛋、鹽、胡椒粉、麻油等，依不同的菜色而定）和太白粉，使它入味且有滑嫩口感，調拌好後可以放冰箱，冷藏半小時更好操作。

掌握這些重點調拌出來的絞肉，無論直接做成各式丸子、肉餅或是包裹、填入到其他食材中，都會很好吃。

我常和學生分享我的經驗，做中國菜其實很靈活，不用像烘焙西點，要跟著配方去做，中國菜可以依照個人口味、家人喜好來做變化，因此食譜中寫「80~100 公克的絞肉」，完全是給你一個大約的範圍，多一點、少一點都隨你喜歡。很多新手沒有概念，因此我給大家一個大約的比例，30 公克的絞肉大約是 1 大匙，你看到公克時，可以大約抓一個量。

鹹蛋蒸肉餅是最佳配菜，它的用料便宜、做法簡單、開胃又下飯，即使廚藝不精也能輕鬆上手，而且做得人人叫好。

材　料：絞肉 250 公克、生鹹鴨蛋 2 個、蔥末 1 大匙
調味料：醬油 1 大匙、酒 1/3 大匙、太白粉 2 茶匙、水 2 大匙

做　法：

1. 剁過之絞肉加蔥末、調味料和 1 個鹹蛋的蛋白，仔細攪拌均勻，放入深底盤中，用手指沾水將肉的表面拍平。
2. 鹹蛋取用蛋黃，一切為二，放在肉餅上。
3. 蒸鍋的水煮滾後，放入蒸鍋中蒸約 20~25 分鐘便可。

烹飪要訣 ＞ 鹹鴨蛋和肉接觸的地方比較不容易蒸熟，關火前要確定肉和鹹蛋都已全熟。

絞肉大補帖：

1. 絞肉如何買？

　　豬肉中除了帶筋多的蹄膀肉、沒有油花的大排骨肉外，其他大部分都可以絞成絞肉，其中以前腿絞肉較嫩。買的時候可依個人喜好、搭配不同比例的肥肉一起絞，通常我會選用肥肉約在 15~20% 的。

　　絞肉可分一般的粗絞或是絞兩次的細絞；普通做菜粗絞就可以了，只有少數搭配來炒菜的絞肉需要絞兩次，這樣炒出來的顆粒較細，比較好看或是包餛飩的肉餡需要絞兩次。

2. 絞肉如何儲存？

　　絞肉因為經過機器的絞壓，因此比整塊的肉容易變色、發臭，採買回家後要儘快處理，可以按照常用的份量分裝成小包，或者放在一個大一點的塑膠袋或保鮮袋中，用手掌壓出線條、分隔成較小的分量再來冷凍，使用時只要取出需要的一份或兩份來解凍即可。

　　調過味的絞肉可以略為延長一些冷藏時間，但是也不要超過 2 天，可以冷凍之後再解凍使用。

雪菜百頁

雪裡紅的原名是雪裡蕻，江浙人稱雪菜，色澤濃綠、味道鹹鮮，是我家非常喜歡的醃菜，

雪菜炒肉末、肉絲和雪菜炒魚片、燒帶魚、蒸魚以及做煨麵、炒年糕等做法，都別具風味。

市售的雪裡紅，以油菜或小芥菜來醃的較多，在冬天才有蘿蔔葉製品出現，三種蔬菜所醃製的香味各有特色，油菜屬清香型，芥菜、蘿蔔葉的香氣較濃。雪裡紅漂洗後，炒之前要擠乾，其汁會帶苦澀味。雪裡紅的鹹度不定，最後炒勻要關火前要嚐一下味道，再做調整。

醃菜因含高纖維素和乳酸菌，對身體有益，我教學生一定會教雪菜的運用，我形容它是「超好用的菜」，利用假日多炒一些雪菜肉末放在保鮮盒中保存，可加在豆腐中煮成雪菜肉末燴豆腐、燒茄子，還有雪菜湯麵、雪菜粉絲湯、拌麵或拌米粉，變化無窮！當然和軟嫩的百頁搭配，更是軟嫩香鹹的絕配。但要注意，雪菜加熱的時間要短，以免失去脆度。

材　料：絞肉 120 公克、雪菜 450 公克、筍 1 小支、百頁 1 疊、蔥花少許
　　　　紅辣椒 3 支、小蘇打粉 1 茶匙
調味料：淡色醬油 2 大匙、糖 1 茶匙、鹽少許

做　法：

1. 筍去殼、切成細絲；紅辣椒切小段。
2. 雪菜（雪裡紅、雪裡蕻）漂洗乾淨，擠乾水分，嫩梗部分切成細屑，老葉不用。
3. 百頁切成 4 條寬條，鍋中煮滾 6 杯水，關火後放入 1 茶匙小蘇打粉，放入百頁泡至軟（約 10 分鐘），撈出、沖洗 2~3 次，洗去蘇打味道。
4. 將 2 大匙油燒熱，放入絞肉炒熟，加入雪裡紅快速拌炒，見雪裡紅已炒熱，加入醬油和糖再炒，炒勻後放入筍絲和百頁，再加約 $1/4$ 杯的水繼續拌炒。
5. 炒至湯汁即將收乾，嚐一下味道，可加鹽調整味道。

烹飪要訣 ＞

百頁買來要做些處理，用小蘇打粉、鹼塊或鹼粉均可泡發百頁，當蘇打水濃度高時，泡的時間要縮短，變白變軟的可以先撈出。百頁一疊有十張，用來做包捲菜式的百頁不要泡太軟，以免不好包。

菠菜炒臘肉

我有位朋友是湖南媳婦，有次到我家吃到菠菜炒臘肉後，非常驚訝，因為她在婆家只吃過青蒜或蒜苔炒臘肉，沒想過把臘肉和菠菜炒在一起。

我的朋友學會了這道菜，讓菠菜吸了臘肉的油香，不會有澀感，臘肉蒸後去了油，不會有膩感，而且紅配綠，顏色很漂亮。每到冬天，菠菜大出的時候，我家常做這道熱炒菜，也是我家的年菜之一。

熱炒，是使用最多又最能表現中菜特色的烹調手法，因為中菜的美味很大部分是來自鍋氣——利用大火、熱油結合食材與調味料，使它產生香氣而變得更好吃。要產生鍋氣的另外一個重點就是要利用水氣，炒菜時沿著鍋邊淋一點水，使鍋中產生水氣，帶著水氣，容易使各種材料和調味料滋潤、融合。菠菜炒臘肉則是加酒烹香，產生鍋氣。

材　料：湖南臘肉 200 公克、菠菜 450 公克、蔥 1 支

調味料：酒少許、鹽適量調味

做　法：

1. 臘肉整塊放入電鍋中蒸 25~30 分鐘，取出待涼後切片。
2. 菠菜洗淨、瀝乾、切段；蔥切段。
3. 鍋中加油 1 大匙，放下臘肉以小火炒至香氣透出，改大火放下菠菜同炒，淋少許酒烹香，炒至菠菜略回軟，加鹽調味即可盛出。

烹飪要訣 >

臘肉如太鹹可先泡熱水 20 分鐘，或在蒸的時候，泡在水中蒸。一次可蒸 2~3 餐的量，方便隨時取用。

口感上臘肉滋潤了菠菜的青澀，味道美極了。

我們家卻喜歡把臘肉和冬天大出的菠菜炒在一起，顏色上紅配綠很漂亮，

年菜桌上不可少的臘肉，一般多配著青蒜、蒜苔或高麗菜來炒，

糖蛋兩式

她的台大同學出國留學前，跟我學做菜，第一堂課就是，糖蛋

我喜歡吃蛋，我女兒比我更有過之無不及，所以我叫她「蛋寶寶」，

女兒雯雯初中就在廚房幫忙，她愛吃也愛做，廚房的工作顯得熟練多了，她出國唸書，有時還在宿舍請客，她說，做菜已成為她抒解讀書壓力的方法，這倒是我教她做菜的附加價值吧！

蛋，到哪裡都有，是家常很實用的食材；煎蛋除了荷包蛋之外，我家的糖蛋，有蛋和醬油融合的香氣，以及糖和醬油融合的味道，有一次，我弟弟一口氣吃下了 4 個。

幾年前，我教 18 位台大畢業要留學的大孩子們做菜，有個男生看到女同學連打蛋到鍋裡都會怕，怕被油噴到，就想出一個辦法，把蛋先打到碗中，再倒入油鍋，解決了問題，我們就封他為「荷包蛋王子」。

a

材　料：蛋 4 個

調味料：醬油 2 大匙、糖 1 大匙、水 2/3 杯

做　法：

1. 將蛋打散備用。
2. 鍋中燒熱 2 大匙油，放入蛋汁，煎成較大塊的蛋塊，盛出。
3. 將調味料倒入鍋中煮滾，放入蛋塊，改成小火煮 1~2 分鐘，以吸收味道。

b

材　料：蛋 4 個

調味料：醬油 2 大匙、糖 1 大匙、水 1/2 杯

做　法：

1. 蛋逐個在鍋中煎成嫩的荷包蛋，盛入盤中。
2. 將調味料倒入鍋中煮滾，放入荷包蛋，再煮一滾，約 30~40 秒即可關火。

雯雯的便當菜

◀女兒雯雯也喜歡下廚烹飪，
我們母女倆經常交換心得。

　　我喜歡買幾罐罐頭火腿肉放在家裡，炒飯、做三明治、拌沙拉都很好用；我們家的人搭飛機不太吃飛機餐，我弟弟顯灝、女兒雯雯，飛到美國，寧願帶個兩份火腿蛋三明治上飛機，吃完了倒頭就睡。

　　SPAM 的火腿肉味道較鹹，做三明治時，火腿肉切薄一點，或蛋中少加點鹽。我們的做法，蛋皮比較厚，且是方形的，好吃也均勻。炒飯時，可把火腿肉丁小一點，就不會覺得太鹹了。

　　說起蛋炒飯，我的做法是先用蔥花爆鍋，我覺得這才對味，偏偏我女兒不愛吃蔥，會把蔥花一一挑掉，但我在做法上又不願意讓步，就看我們母女為了這個起了小小爭執，後來我先生想出了一個兩全齊美，炒飯中既有蔥香但看不到蔥花的做法，方法其實很簡單，就是先在油鍋中爆香蔥段，再把蔥段夾出來，讓油中有蔥香再來炒飯。

　　他炒好端給我看時，還對我挑釁地說：「這蛋炒飯中有愛。」我不甘示弱回話說：「對！一個月有一次愛。」因為他大概一個月才炒那麼一次。

　　餃子的吃法，基本上可以分成水煮、油煎和蒸的，也就是我們通稱的水餃、鍋貼和蒸餃。究竟什麼餡料適合水煮？什麼餡料要做鍋貼才好吃？其實並沒有硬性規定，三者之間各有優點，一般而言，蒸餃最能保有鮮味與香氣，原汁原味毫不流失；水餃經過水煮，味道會淡一點，但是皮較 Q 滑、順口，同時一煮就一大鍋，十分方便；鍋貼經過油煎，更加添了香氣和脆脆的口感。

　　因此你可以選擇喜愛的餡料，配上不同的吃法，就有三種不同的風味的餃子呢！蒸餃和鍋貼都是以燙麵來包的，燙麵較柔軟，即使用油煎，也是脆脆的、很好吃。

三鮮鍋貼

材　料：

（A）外皮：麵粉 3 杯、開水 1 杯

　　　　　　冷水 ½ 杯（或水餃皮 1 斤半）

（B）餡料：絞肉 500 公克、蝦仁 200 公克

　　　　　　高麗菜 1 公斤、韭黃 150 公克

調味料：

（1）鹽 ½ 茶匙、水 4~5 大匙、醬油 1~2 大匙

　　　胡椒粉少許、麻油 1 大匙、烹調用油 2 大匙

（2）鹽 ½ 茶匙、醬油 2 大匙、麻油 1 大匙

　　　烹調用油 1~2 大匙

做　法：

1. 燙麵和好、醒好。蒸餃和鍋貼是以燙麵來包的，燙麵沒有彈力、較柔軟，即使用油煎，也是脆脆的、很好吃。

2. 將絞豬肉再剁一下，放入一個盆中，加 ½ 茶匙的鹽和水（先加約 4~5 大匙），順同一方向攪拌肉料。依肉的吸水度，可以再加 1~2 大匙水。加入其他的調味料，調拌均勻，放入冰箱中冰 1 小時以上。

3. 蝦仁用約 ½ 茶匙的鹽抓洗、洗去黏液、再用清水沖洗數次，瀝乾水分並以紙巾擦乾水分，依蝦仁的大小、切為 2

煎的要訣 >

1. 先將平底鍋燒熱，淋下 2 大匙油，待油熱後，將鍋貼排列進去，先用大火煎烤一下底面（約 1 分鐘），再加入 ⅔ 杯熱水（水中先放 ½ 茶匙麻油及醋），蓋上鍋蓋，用中小火燒煮至鍋中水完全收乾為止（約 3 分鐘）。

2. 由鍋邊淋下 1 大匙油，再煎半分鐘，蓋上一個平底餐盤，先倒扣鍋子，泌出多餘之油，再反轉一下，使鍋貼全部落在盤內即可。

3. 許多人喜歡吃脆脆帶著麵皮的冰花鍋貼，只要在水中加 1~2大匙麵粉去煎鍋貼即可。

或 3 小塊，拌少許鹽和麻油，放入冰箱中冰 20~30 分鐘。

4. 高麗菜先切大塊，放入滾水中燙至微軟，撈出、沖涼、擠乾水分。韭黃摘好、洗淨，切成小丁。

5. 包之前，將蝦仁和高麗菜拌入絞肉餡中，再加調味料（2）拌勻，最後加入韭黃丁再拌勻即可。

6. 麵糰揉光後，平均分為 40 小粒，擀成橢圓形皮，包入餡料，捏成較長之餃子狀。

火腿蛋炒飯

材　料：火腿丁 2 大匙、蛋 2 個、白飯 2 碗
　　　　蔥花 1 大匙

調味料：鹽適量、胡椒粉少許

做　法：

1. 鍋中燒熱 2 大匙油，放入蛋汁，快速鏟動鍋鏟，使蛋汁凝結成較小的碎片狀。

2. 取出蛋片，再加少量的油在鍋中，放下蔥花和火腿丁炒香，把白飯放入鍋中炒勻，撒適量的鹽（約 1/3 茶匙）和胡椒粉炒勻，起鍋前可以再撒一點蔥花增加香氣。

 烹飪要訣 〉 想讓炒飯中有蔥香但看不到蔥花，可以先在油鍋中爆香蔥段，夾掉蔥段，再用有蔥香的油來炒飯。

火腿蛋三明治

材　料：火腿肉 1 片、蛋 2 個、吐司麵包 3 片
　　　　黃瓜 1/2 條、美乃滋或奶油適量

調味料：鹽 1/4 茶匙

做　法：

1. 蛋加鹽打散，加約 1 大匙的水再攪勻。

2. 鍋中將 2 大匙油燒熱，搖動鍋子、使鍋中沾滿油，再倒出多餘的油。倒下一半量的蛋汁，慢慢轉動鍋子，使蛋汁轉成圓形，趁蛋汁還未凝結時，將蛋皮的四邊折向中間，成為方形蛋皮。

3. 用鍋中餘油把火腿煎一下。

4. 吐司麵包略烤熱、切去硬邊，塗上美乃滋或奶油，放上一片火腿、一些黃瓜絲、再蓋上麵包、蛋皮和麵包。切成長方形或三角形。

 烹飪要訣 〉 這種方法做出的蛋皮比較厚、且是方型的，做三明治很適合。

慧懿上菜

家傳菜是家裡百吃不厭、一陣子沒吃就會想念的菜。

干貝蒸蛋

蒸出ㄅㄨㄞ、ㄅㄨㄞ的秘密

我的蒸蛋曾得到婆婆的誇獎肯定，

每次她要請女性朋友吃飯，都會交代我做「干貝蒸蛋」，

為了要把這道菜做好，我做過幾十次實驗，把數據一一寫下來，才將食譜定案。

把干貝蒸蛋端上桌，邊走邊看著蒸蛋，搖動碗緣、那蛋面顫動而緊緻不破，有如少女酥胸般輕輕抖動的彈實感覺，好有成就感！我喜歡用腦袋做菜，因而研究出這道菜的成功秘訣。

蒸蛋一過火就會起蜂巢洞，是我原本沒把握做好的菜，後來我想到布丁和茶碗蒸，布丁為什麼能這麼滑嫩、茶碗蒸為何中間不會夾生或出現蜂巢洞？試做多次後，最後的心得是：掌握了水與蛋的標準比例、器皿、蒸的時間三大要件，就能蒸出超有彈性、ㄅㄨㄞ、ㄅㄨㄞ的好吃蒸蛋。

布丁是1份蛋3份奶，我就用這個比例，因為蛋有大小，所以我不用蛋的個數來計，而是掌握1杯蛋、3杯水〈或高湯〉的比例。用大海碗蒸，會發生旁邊熟中間夾生的情況，待蒸熟透後旁邊一圈卻起了蜂巢洞，蛋水分離。最好用平水盤，蒸的上下熱度才會平均。

時間掌控也很重要，大火和小火蒸的口感有別，大火蒸有彈性、小火蒸較軟化。我的方法是，讓水滾了才將蓋上保鮮膜的整碗蛋入蒸鍋、加蓋，大火蒸18分鐘、關火後再燜10分鐘，蒸蛋成功、屢試不爽！我建議不要在蛋汁裡面放料，否則蛋好了肉也老了，尤其是蛤蜊，要是蒸好了才發現一咬一口沙，那多掃興？！料要淋於蒸蛋上，這樣端上桌，壯觀、好看又好吃。

有時為公公做下午點心，蒸一小碗蛋，只花5分鐘，剩下燜蛋的時間，正好來準備蛋上的紹子：有時干貝、有時蝦仁芡、有時放些口蘑髮菜。公公怕燙，總是小心翼翼舀起一勺送進嘴裡，然後滿意的說：「嗯，細乎！（北方話細緻嫩滑的意思）」

材　料：蛋5個、干貝2粒、水1杯、蔥1支、薑2片

蒸蛋料：鹽 1/3 茶匙、水3杯

調味料：蠔油2大匙、太白粉水1大匙

做　法：

1. 水1杯泡2粒干貝約30分鐘，入電鍋蒸半小時至軟化後，將干貝撕成細絲。

2. 蛋在碗內加鹽一起打散，再加入3倍量的水（可加一杯蒸干貝汁及兩杯水），攪拌均勻後過濾一次，盛在深碟內，蓋上保鮮膜，上鍋以中小火蒸18分鐘至熟，再燜10分鐘。

3. 1大匙油燒微熱，爆香蔥、薑，加入干貝絲略炒，倒入蠔油炒一下，再倒入干貝湯汁後（夾出蔥薑），用太白粉水勾薄芡即可淋在蒸蛋上食用。

烹飪要訣 >　打蛋的時候，建議先把蛋打在小碗裏，沒問題再放入大碗中，別小看這個動作，蛋打進大碗中，混在一起才發現最後那只蛋是個壞蛋，豈不「毀於一『蛋』」了嗎？

111

賽王品牛小排

早年，台灣一般家庭用烤箱做菜並不普遍，對吃牛排的知識也不是那麼豐富，當時正好碰到澳洲牛肉協會在台舉辦烹飪大賽，趁著婆婆出國，我壯著膽子報名參賽，報名之初壓力滿大的，因為如果不得名，多麼丟臉！要是得了名，別人又會以為我沾了婆婆的光！但既然婆婆出國不擔任裁判，就不會有「內定」之嫌，況且那次比賽以抽籤號碼參賽而且不具名，就算輸了也沒多少人知道！

硬著頭皮上場，由於平日多做準備，加上創意，最後我以「已丑發財慶團圓」勇得冠軍，並成為澳洲肉協的代言人，1983年在華視薇薇夫人製作的早安節目中開始了我的電視教學節目，澳洲牛肉協會三次請我和一些記者前往澳洲及塔什馬尼亞參觀，增加許多牛肉部位的知識，期間也到全台北中南各地超市辦精肉切割比賽，與國內外精肉切割專家切磋廚藝，朋友常開我玩笑說：「牛肉西施又來作秀啦！」我笑答：「可得說清楚：是牛肉秀、可不是牛肉場喔！」這段經歷讓我對牛肉的炒、煮、燒、烤都有很多心得。

吃牛排，三分熟變 Well done

我先生年輕時是標準肉食動物，食必有肉，而且得是大肉！吃牛排更挑、必定指明3分熟！但肉質不夠好、鮮度不夠的肉品是不能生吃的。

有一次我們去「明星牛排館」，點了一客3分熟的肋眼牛排，卻端上一塊「紐約客」，而且起碼8分熟！點3分，若是 Medium 倒還能忍受；煎到 Well done 還以 New Yorker 混充 Rib Eye 真是太過分啦！外子喚來侍者問：「妳這牛排幾分熟？」女服務生瞄了瞄下單，回答：「3分啊！」

我們就要求主管來看，那位外場經理很機伶，先問女侍我們要幾分的牛排？女侍回答3分，經理仔細「審視」一下鐵板上的牛排，也回答說：「3分啊！」

我忍不住激動起來：「這怎麼是3分呢？」那位主管無動於衷，僅禮貌的說：「這是我們餐廳和大廚的標準，可能跟你們的標準不太一樣。」對於一個以 New Yorker 混充 Rib Eye、又不懂牛排熟度、還不重視顧客心理又鐵齒的餐廳，請問你還會再去嗎？

其實，如果學會妙用烤箱，購買新鮮牛排或牛小排很方便，練習一下絕對可以成為烤牛排高手，我在美國時就常以烤牛排或牛小排宴客：吳兆南大師、名製片人徐立功、影帝王冠雄、導演李安、陶藝家劉峰雄、舞蹈家羅楚瑩、中國登山代表隊周川、都被我的賽王品牛小排征服過。

賽王品牛小排

材　料：四條牛小排 (順骨直切 3~4 公分之長條帶骨肉)、厚鋁箔紙 1 大張
　　　　洋蔥絲、胡蘿蔔絲、芹菜絲各 ½ 杯

調味料：A 醃料—鹽、胡椒粉、雞粉、酒各適量
　　　　B 烤醬—醬油 3 大匙、糖 1 大匙、大蒜 3 顆、芝麻 1 茶匙 (放入果汁機中打勻)
　　　　C 拌粉—大蒜粉 1 大匙、洋蔥粉 1 大匙、粗胡椒粉 1 茶匙 (拌勻)

做　法：

1. 將牛小排拌上醃料 A 放入大型塑膠袋中，移入冰箱放置一夜。

2. 將鋁箔紙一大張展開，鋪上洋蔥絲、胡蘿蔔絲、芹菜絲，再放上牛小排，包捲
   封口後，放在烤盤上，以 120℃烤焙一個半小時。

3. 取出烤盤，打開鋁箔包，刷上烤醬，包封好以 150℃再烤半小時。

4. 取出烤盤，打開鋁箔包，將烤肉原汁倒出留用，再牛肉上面薄薄灑一層 C 拌粉，
   包好後以 150℃再烤半小時。

5. 取出烤盤，將鋁箔包開口打開，上火改成 BROIL190℃烤焙 5 分鐘，表面烤成
   金黃色即可。

 美味關鍵 > 1 醃　2 刷醬　3 灑粉

這種牛排切法很特別：一根長骨兩邊帶著厚厚的肉，先文
火慢烤溫熱到中心、再以烤醬調味、續燜烤至入味、鋪上
蒜粉再以上火焗炙表面到金黃，信不信？外酥內嫩那種軟
中帶勁兒、嫩中帶糯的口感，吃過的人都說終生難忘！

黑胡椒牛柳

是道香氣十足的好菜,不但請客端得上檯面,也是孩子們帶便當的下飯菜。

牛柳是牛的內里肌菲力部位,取其香滑柔嫩,再搭配洋蔥的香味和黑胡椒醬的調味,

　　用牛排來做中式菜餚,有說不出的方便, 一來在超市隨時買得到,臨時來了客人,可以用來加菜,二來肉質嫩滑,不用拌醃太久,省時省事,其中黑胡椒牛柳是我家餐桌上很受歡迎的牛肉料理。

　　我們家都是跟進口肉商買整條菲力,若是買一般牛瘦肉,部位不對,刁嘴的小朋友可不依。牛排肉切成拇指般的粗條,如能逆紋切,切斷肉的纖維,會更感到肉質的嫩感。洋蔥的切法,順著紋切是吃脆、逆著紋切是吃軟,黑胡椒牛柳裡的洋蔥要脆,這樣和嫩的牛肉搭配,有嫩脆相間不同層次的好口感。

材　料:嫩牛肉 300 公克、洋蔥 1 個、大蒜末 1 大匙、紅蔥末 1 茶匙
　　　　紅椒絲 1 大匙

醃肉料:醬油 1 大匙、水 2 大匙、太白粉 $\frac{1}{2}$ 大匙

調味料:醬油 1 大匙、美極鮮醬油 1 茶匙、酒 2 茶匙、蠔油 1 茶匙
　　　　番茄醬 $\frac{1}{2}$ 大匙、粗黑胡椒粉 1 茶匙、糖 $\frac{1}{2}$ 茶匙、鹽 $\frac{1}{4}$ 茶匙
　　　　高湯或水 4 大匙、太白粉水適量

做　法:

1. 牛肉逆紋切絲,用調味料(1)抓拌均勻,醃 30 分鐘;洋蔥切絲。

2. 鍋中將 1 杯油燒至 8 分熱,放下牛肉過油炒至 9 分熟,瀝出。

3. 用 1 大匙油炒香洋蔥,加少許鹽調味,盛出放在盤中。

4. 另用 1 大匙油炒香大蒜末和紅蔥末,加入調味料(2)炒煮至濃稠,做成黑胡椒醬。

5. 將一半量的黑胡椒醬先淋在洋蔥上,再將牛肉和紅椒絲加入鍋中,和剩餘的黑胡椒醬拌炒一下,盛放在洋蔥上。

烹飪要訣 ＞ 可買市售現成的黑胡椒醬用,比較方便。不過自己做黑胡椒醬,更夠味也不難,把蠔油、醬油、太白粉、番茄醬適量加在碗裏,可邊調邊試味道,以自己最喜歡的調味,在油鍋裡加醬蒜爆香,混合熬煉的牛高湯再加上現磨黑胡椒粉,就是好吃自製的黑胡椒醬了。

京都排骨

酸甜口味的京都排骨，因為老少咸宜，成為我經常列在請客菜單中的一道，

有續加熱不變味的特點，所以也是孩子們很喜歡的飯盒菜。

「為什麼叫『京都』排骨？和日本京都有什麼關係嗎？」

有一次孩子好奇的問我，我也曾聽過一種以訛傳訛的說法，指京都排骨是一位中國廚師到了日本京都研發出來而得名的。其實，京都排骨是香港粵廚發明的新派粵菜，「京都」指的是一種廣式燒汁，而非地名。

為了廣泛蒐集食譜，婆婆當初請教過一些早期的名廚及最初製作台視「電視食譜」的節目製作人—前行政院新聞局副局長葉天行夫人孫步霏女士，蒐羅了許多在當時新式的創新粵菜，包括葡國雞、烤白菜、蝦多士（toast，一種裹吐司麵包丁炸的菜）和京都排骨等等，都是十分受歡迎的菜，並將這些食譜放在烹飪補習班的教學食譜中，我們家請客時不論哪一省人都會喜歡。

九層牛肉與滿地黃金

婆婆每次碰到烹飪靈感枯竭的時候，總喜歡帶我出去考察考察，因為我的記性好，回家馬上可以把食譜背寫下來。我們上館子都點沒吃過的菜，有一次去國賓飯店旁巷弄裏的「台灣小調」點了一道「九層牛肉」，滿心期待，跑堂卻送上一盤炒牛肉！我們還以為是像千層糕似層層堆疊的造型，怎知如此平凡？簡直令人大失所望。

婆婆問跑堂：「這牛肉沒有九層呀？」
服務生回說：「這不是嗎？」
婆婆說：「什麼九層？我怎麼沒看見？」

服務生指著盤中搭著牛肉綠綠的菜葉搶白道：「九層塔呀！」我們忍不住大笑，婆婆想起一次在香港也出過糗，點了一道「滿地黃金」，結果上來的是「蔥花炒蛋」！只能感嘆中國菜名真是太超乎想像。海碗裏高湯面上飄著一根大蔥也能叫「猛龍過江」！

調味達人的傑作

京都排骨在做法和口味上都比較西化，例如醃排骨時放了小蘇打粉，調味中有辣醬油、番茄醬、A1牛排醬，是西餐中常用的調味料，與傳統中菜的口味大異其趣，頗受年輕人喜歡而大為流行。

同樣是酸甜口味的菜式，我們一家人喜歡京都排骨更勝過咕咾肉，咕咾肉廣受老外喜愛，它的甜酸很到位，但始終有個太俗味的感覺；不像京都排骨味汁中的辣醬油、A1牛排醬蓋掉了糖的甜膩，甜中又帶有一股桔香，酸甜中又沒有醋的那股嗆味，這種滋味很難形容，好像酸甜的很有氣質、雋永！創始人雖不可考，但的確是個調味達人。

京都排骨

材　料：小排骨 500 公克、萵苣生菜葉

調味料：（1）醬油 2 大匙、小蘇打 ¼ 茶匙、水 2 大匙、麵粉 1 大匙、太白粉 1 大匙

　　　　（2）番茄醬、辣醬油、A1 牛排醬、糖各 1 大匙、清水 2 大匙、麻油 ¼ 茶匙

做　法：

1. 小排骨剁成約 4~5 公分的長段，用調味料（1）拌勻，醃 1 小時以上。

2. 調味料（2）先調勻。

3. 炸油燒熱，放入排骨以中小火炸至熟，撈出。油再燒熱，放入排骨以大火炸 10~15 秒，見排骨成金黃色，撈出。將油倒出。

4. 用 1 大匙油炒調味料（2），煮滾後關火，放入排骨拌一下，盛到盤中

美味關鍵 > 斬切＋醃粉＋兩次油炸，才會外酥內嫩

這道菜最特殊之處是排骨的斬切法，小排骨切成 2 寸長後，每支由骨頭的中間直剖切開為兩直條，一邊見骨一半帶肉，炸時則可炸的較酥且易入味。可請肉店代剖，如不可能則直接斬剁成較小段也無妨。

醃排骨時放小蘇打粉也是一大秘訣，坊間賣炸大排骨沒有不加小蘇打粉來使肉嫩的。肉要醃約半小時，肉質就會軟化，經兩次油炸，才會入口外酥脆、內香嫩，十分開胃又下飯，是孩子們百吃不厭的家常宴客兩相宜的菜。

墨魚大燴

每次桌上一有「墨魚大燴」，大家的飯量都會增加，

飯上淋了濃郁香稠的醬汁，加上五花肉的軟嫩和墨魚的彈牙咬勁，香味和口感都無比誘人。

墨魚大燴和鹹蛋蒸肉餅，是我家兩大受歡迎的拌飯菜，這道菜也是我丈夫的「三大最愛」之一，每次一回家聞到香氣，就等不及搭飯來配。這道好菜在家裡吃很實惠、在外頭吃卻特貴，我們家的調味和火候是朋友們一致認為，吃過的墨魚大燴中最正的一味。

五花肉又叫肋條肉，肥瘦均有、肉質較嫩，脂肪層次也多，瘦肉部分的肉質是豬肉中最細嫩好吃的。墨魚要挑碩大厚重，並切成大塊，切太小吃不出肉感，也顯不出大氣！墨魚塊裏住了五花肉的膠質，一口咬下肥厚彈 Q 的墨魚肉，那感覺正是這道菜最迷人的地方，難怪大家盡挑墨魚吃，比吃五花肉還帶勁。

材　料：墨魚 2 條（約 900 公克）、五花肉 900 公克、蔥 6 支、薑 2 片
　　　　八角 1 粒

調味料：酒 1/2 杯、醬油 1/2 杯、冰糖 2 大匙

做　法：

1. 豬肉切成大塊，墨魚切成菱角形，分別放入滾水中（水中加酒 1 大匙）川燙約 1 分鐘，撈出。

2. 起油鍋用 2 大匙油將蔥段、薑片和肉塊炒香，淋下酒和醬油炒勻，注入水 2 1/2 杯，用大火煮滾後改小火，煮約 30 分鐘。

3. 加入墨魚、冰糖和八角，再以小火煮至夠軟（約 40~50 分鐘），如湯汁仍多，再以大火將湯汁燴乾一些。

美味關鍵 ＞文火慢工燴出香鮮

紅燒時得先要將蔥薑爆香，再加醬油、冰糖炒出糖色、然後澆酒、放八角調出紅燒味，五花肉釋出油脂，再吸進紅燒醬汁，墨魚塊盡吸紅燒五花肉醬汁，自然濃郁香甜。而火候及時間的掌控要恰到好處，肉不致燒老有如敗絮，才能達到「水乳交融」之化境！

紅燴豬排

這是我家很受歡迎的「麻將菜」菜色，簡單好吃，

茄汁開胃下飯，就算涼了，茄汁和洋蔥也不會變色變味。

「燴」的做法是指將各種材料經過個別切割、煎炸或川燙過程，再一同回鍋加較多量的湯汁，混合燒煮而成的烹調法，含有香濃的湯汁，各種材料之風味溶於湯中。

紅燴多用在西餐中之葷料烹調中。是以番茄糊醬汁為主要調味料，顏色泛紅故曰紅燴。混合已煎過之雞、牛肉、排骨等共同燴煮，唯湯汁不似中式燴菜那麼多量，但風味迷人且色澤艷麗。

材　料：豬大排 3 片（約 400 公克）、洋蔥 1/2 個（切絲）、麵粉 1/3 杯

調味料：（1）鹽 1/4 茶匙、胡椒粉少許、醬油 1 茶匙、酒 1 大匙、太白粉 1 茶匙

　　　　（2）番茄醬 3~4 大匙或番茄膏 $1\frac{1}{2}$ 大匙、鹽 1/3 茶匙

　　　　　　糖 1/2 茶匙、水 $1\frac{1}{2}$ 杯

做　法：

1. 大排骨肉用刀背拍鬆、拍大一點，放入調味料（1）拌醃，醃 10 分鐘。

2. 豬排沾裹上麵粉，抖掉多餘的粉。炒鍋內燒熱 2 大匙油，下豬排迅速煎黃兩面後先盛出。

3. 另起油鍋燒熱 2 大匙油炒香洋蔥絲，炒至洋蔥變軟，加入調味料（2），煮滾後放下豬排，用小火煮至熟（約 4~5 分鐘）。

4. 開大火略收乾湯汁，或用少許調水的太白粉勾芡，裝盤。

烹飪要訣 >

肉排在下鍋煎之前，要拍掉多餘的粉，以免粉在油中容易燒焦，而且顯得髒兮兮的。豬排應迅速煎黃兩面、先盛出備用，讓豬排表面迅速封住、肉汁不會外流，而豬排外表也不致於吸進過多的油分，所以肉質鮮嫩不油膩，如此再加熱也不會變老、變柴，而風味仍然不變！

搭配紅燴豬排的洋蔥得逆紋切，這樣洋蔥才會煮軟，與番茄的味道完全融合在一起，免得豬排盛盤時洋蔥直挺挺的，既不滑口又不好看。

愛上大白菜

　　冬天，用長型山東白菜醃成好幾缸酸白菜，是奶奶教我的絕活兒，最難忘的是，奶奶的北方口音總是把酸白菜說成「傘」白菜。

　　奶奶教我做的漬酸菜，一定要用鵝卵石壓，每顆白菜對剖，放入鍋內滾水燙煮，正反兩面皆燙 10 秒左右撈出扣放在陶缸內，每排放一層白菜，灑一小把鹽，排好後，石頭壓好注入冷開水，熱的白菜加上冷水，一冷一熱就是「漬」。冷水的量高於石頭約 10 公分，這樣發酵雖然慢，卻酸得很正點，味道很清新，不會有餿水味。

　　我家的酸白菜很有名，入冬之後很多朋友都會來要，每缸一醃就是 7、80 斤，而且至少兩缸！因為除了是酸菜白肉鍋的主角，還可以炒五花肉片或牛肉粉絲，過年用來做年菜爽脆又開胃。曾聽本省籍的朋友說，白菜性涼女生不宜多吃，不過，我們北方人把大白菜當成蔬菜之王，廣泛運用在各種烹調技法上，我也是嫁進這個東北大家庭後，開始愛上大白菜。

酸菜白肉火鍋

材　料：酸白菜、炸肉丸子、白肉、蝦米、干貝、木耳、金針菜、凍豆腐、粉絲
　　　　蔥花、香菜、鹽適量

做　法：

1. 酸白菜切細絲，用 3 大匙油爆香蔥花，放下酸白菜炒一下，盛入火鍋或砂鍋中，上面再排放各種準備好的材料（粉絲除外）。注入清湯，煮滾後改小火煮約 5~10 分鐘，放入粉絲並加鹽調味，再以小火煮 2~3 分鐘即可。上桌時附上蔥花和香菜段。

2. 炸肉丸子：絞肉再剁過一下，加大白菜碎（先用少許鹽醃至微軟，擠乾水分）、蔥末、醬油、鹽、水、麻油拌勻，用熱油炸熟。

3. 干貝略蒸軟；木耳、金針菜、蝦米、粉絲需泡軟；白肉係五花肉煮熟，放涼後切片。也可以選用其他喜愛的材料。

開洋白菜

材　料：蝦米 2 大匙、大白菜 400 公克、蔥花 1 大匙
調味料：酒 1 茶匙、鹽 1/3 茶匙、太白粉水適量

做　法：

1. 大白菜切寬條；蝦米沖洗一下、略泡水，摘去硬殼。

2. 燒熱 1 大匙油炒蝦米和蔥花，香氣透出時，淋下酒再炒一下，放入大白菜炒至軟。

3. 加約 1/2 杯冷水或清湯，和蝦米一起燉煮至喜愛的軟爛度且入味，加鹽調味，再勾芡即可。

香乾拌白菜

材　料：大白菜葉 3~4 片、豆腐乾 3 片、油炸花生 2 大匙
　　　　蔥 1 支、香菜 2 支、紅辣椒 1 支
調味料：鹽 1/4 茶匙、淡色醬油 1 大匙、醋 1 大匙
　　　　糖 1 茶匙、麻油 1 大匙

做　法：

1. 大白菜、蔥和紅辣椒分別切絲，用冷開水沖洗一下，瀝乾水分。

2. 豆腐乾切成絲，用熱水川燙一下，撈出、瀝乾水分。

3. 油炸花生去皮；香菜洗淨，切短段。

4. 所有材料放大碗中，加調味料拌合，最後加入花生即可裝盤上桌。

香菇白菜燒麵筋

材　料：大白菜 600 公克、香菇 3~4 朵、油麵筋 1 杯
　　　　胡蘿蔔數片、香菜少許

調味料：醬油 1$\frac{1}{2}$ 大匙、鹽適量、太白粉水適量、麻油數滴

做　法：

1. 白菜梗子切寬條，葉子可以切大一點，洗淨瀝乾。

2. 香菇用冷水泡軟、切片；油麵筋放碗中，加入溫水，泡軟時
   就要把水倒掉、略擠乾；胡蘿蔔切片。

3. 鍋中加熱 2 大匙油，炒香香菇片，淋下醬油烹香，加入白
   菜炒至軟，倒入泡香菇的水和胡蘿蔔，煮約 3~5 分鐘。

4. 加入油麵筋拌炒均勻，酌量加鹽調味，再煮至白菜已夠軟，
   淋下太白粉水勾芡，關火後，滴下太麻油、撒下香菜段拌勻
   即可。

香酥雞腿

不過為了做香酥鴨，有一段我差點把家裡房子和烹飪補習班燒掉的驚險回憶。

香酥鴨也是我乖女小花（詩蘭小名）最愛的家菜！

香酥雞腿脫胎自香酥鴨，味香肉酥，是我們家孩子的最愛。

香酥鴨外酥內爛、口口滋味十足，連啃入骨頭都是香的，香酥鴨可用荷葉夾（即掛包）或吐司夾食。這是咱家小姑妞詩蘭（公公暱稱小姑娘的大連腔）最愛吃的菜！每次放大假我都會做給她吃。

香酥雞腿　小孫女的最愛

香酥鴨包著荷葉夾好吃、乾啃也很過癮；通常用胸肉和脆皮包夾在荷葉夾中，又香又有飽足感，不包荷葉夾而啃鴨腿那可是小詩蘭的專利！婆婆有點重男輕女，但爺爺卻兩個孫子孫女都愛，尤其疼小孫女、認為小孫女愛嬌，比較好玩，所以特別疼愛她，每每家裡吃香酥鴨，一定先夾個鴨腿給她！

小丫頭自小吃美食到大，如今也是行家老饕一個，酒席裏的等閒假魚翅、罐頭鮑冒充乾鮑可唬不倒她！住在北加州灣區的 Mountain View 離 Napa Valley 又近；想輕鬆一下，就往酒鄉走一走，美食配美酒，年輕人可懂得享受了，她任職的 Google 有的是各國美食，每年 11 月公司還自法國空運 Beaujolais 到公司請員工品嚐第一季的葡萄新酒，還有各國的前菜搭配。

生長在這樣一個講究美食的家庭，再加上在這樣一個提供美食來寵愛員工的公司工作，想不吃美食也難，如此當然練就一張挑剔小嘴。我們常一齊到處尋訪美食交換心得，然而再美的山珍海味又怎比得上爺爺愛心賞給小孫女的香酥鴨腿呢？

蒸鴨差點燒房子

記得我剛結婚沒多久，烹飪補習班要教旅行社帶來的日本團做香酥鴨，我擔任助教，得把事前工作準備好；而香酥鴨需要蒸兩小時以上，更重要的是荷葉夾的發麵得先發好，否則日本團早上 9 點到達上課、11 點下課還要趕行程，上課時才臨時現做根本來不及！而鴨子是早早在 24 小時前醃好了才夠入味的。

凌晨 5 點多，我就爬起床來，（也是為了體恤補習班同事，我若能提早做，淑雲姊就不必一大早趕來上班發麵、蒸鴨，坦白說內心中也有著一絲絲討好婆婆的心理。）準備做荷葉夾的發麵，順便也把前天化凍醃入味的鴨給蒸上了。但是，要等麵發好、醒好以及鴨蒸好，至少要兩小時，還久著呢，想想睡個回籠覺應該沒關係。

沒想到，我這一睡兩個小時，鍋中的水早燒乾了，婆婆發現了樓下竄上樓的濃煙，把我叫醒，我們趕緊下樓去「救火」，一看，水早燒乾了、蒸籠在鍋裡乾燒，整個都燻成了黑棕色，幸而只有小小的驚嚇，未釀成大禍；香酥鴨也成了乾蒸的香「燻」鴨了。儘管味道還不賴，不過如再耽擱一下，可就釀成火災了。這也讓我學到一個教訓，以後長時間蒸東西，最好有個鬧鐘提醒自己比較安全。

香酥雞腿　時間省一半

　　由於鴨不好買，做起來又費力耗時，特別在炸鴨時，鴨肉酥爛離骨，下鍋時一不小心就可能破皮掉肉，而鴨皮一破就會炸來油膩又使肉的口感過於乾柴、並且容易爆油，還不如以同樣做法改用雞腿來做，時間縮短一半以上，肉質鮮美、做法又簡單，隨時可以做來佐餐或下酒。吃時人手一隻，豪邁過癮，用花椒醃了兩小時以上的雞腿，連骨頭都香呢！

　　說到這兒忽然想起，那古時流傳至今的許多美食，燻雞、燻魚、叫化雞，可不都是這樣無心插柳來的嗎？

香酥雞腿

材　　料：棒棒雞腿 6 支、麵粉 3 大匙、花椒鹽 2 茶匙
調味料：花椒 2 大匙、鹽 1 大匙、蔥 3 支、酒 1 大匙

做　法：

1. 在乾的炒鍋內用小火炒香花椒粒，再放下鹽略為拌炒，盛入盤中，再放下拍碎的蔥段及酒拌合，用來擦搓雞腿，約搓 2 分鐘後放置在盆中醃 2~3 小時。

2. 將醃過之雞腿放在盤上，移進蒸鍋（或電鍋）內，用大火蒸 1 小時以上至雞十分酥爛為止。

3. 用醬油塗抹雞腿，並撒下乾麵粉拍勻後，投入熱油中，用大火炸兩次至雞腿呈金黃色即好。

4. 雞腿可附荷葉夾或麵包片上桌，或備花椒鹽沾食。（將雞肉夾放在荷葉夾內食之）

軟炸里肌

里肌炸得好吃時，包有里肌特有的嫩香口感和著一點點的肉汁，吃來紮實飽腹又實在。

到北方館子打牙祭，炸里肌是其中一道常被點名的菜，

所謂小里肌就那麼兩條，出自一隻豬的肋骨之內，雖然價錢較高，但用量不大，比起牛肉、土雞，算是經濟實惠的食材了！

小里肌肉質鬆嫩，而且不像腿部因為經過運動造成緊實的肌肉，所以炸來軟嫩好吃。醃時利用蛋黃來入味，有助於使肉質更加鬆軟。利用調味方式的不同，一道炸里肌可以變成雙味里肌，一搭配椒鹽沾食，另一種是調一碗糖醋汁，利用等量的糖、醋、番茄醬配上爆香的蒜油一炒，加水、麻油、鹽再勾個芡就成了。

我的經驗是，老一輩的喜歡椒鹽，而年輕人偏好糖醋，好一個雙味里肌，老少都照顧到了！

材　料：小里肌肉 200 公克

調味料：（1）鹽 1/4 茶匙、酒 1/2 茶匙、蛋黃 1 個、胡椒粉少許、水 1 大匙
　　　　（2）蛋麵糊：蛋 1 個、麵粉 2 大匙、太白粉 2 大匙、水適量

做　法：

1. 小里肌切成約 1 公分厚的長片，用調味料（1）拌勻，醃 1 小時。

2. 碗中調好蛋麵糊。

3. 將肉片先沾一下乾麵粉，再沾上蛋麵糊，快速投入 8 分熱的油中，以中小火炸熟。

4. 撈出肉塊，燒熱油，再以大火炸 10 秒，撈出，瀝乾油後裝盤。

烹飪要訣 ＞ 里肌有軟炸和硬炸兩種做法，軟炸用蛋麵糊來裹，硬炸在上漿時利用太白粉及麵粉〈或用脆漿粉〉結合的力量使之脆酥。

烹飪要訣 > 肉雞煮的時間短,約 20 分鐘,仿土雞約要 40 分鐘。後來為了省時間,雞腿多半都去骨,如此則雞肉嫩又快熟、吃起來也較方便。

House 咖哩塊加水的比例是一盒配 5 杯水;半盒配水 2 杯半。但為了煮馬鈴薯、胡蘿蔔及雞至熟,水需要耗損及蒸發,所以開始時需加水約 3&$\frac{1}{2}$ 杯,待湯汁濃縮約為兩杯半時才加入咖哩塊。

咖哩雞

兒子謨舜從小就愛吃咖哩雞，

婆婆也因為孫子愛吃，每次去日本一定帶咖哩塊返國。

◀我兒子謨舜（左一）和奶奶感情深厚，好愛奶奶泡的奶茶。

「好不好吃？」說的一口流利日語的婆婆，會教我兒子用日語對話，尤其煮咖哩雞的時候，特別愛問我兒子，味道好不好？當時已唸國一的兒子，很懂味道、嘴巴又刁，如果感覺到奶奶「小氣」咖哩塊放太少，味道不夠濃的時候，會用日語對奶奶說：「我覺得咖哩在哭泣！」奶奶一聽，趕快再多放幾塊。他們祖孫的這段對話實在很逗，也看得出奶奶疼這個獨孫子的憐愛神情。

謨舜從小就愛吃咖哩雞，以往，咖哩醬是用大蒜炒咖哩粉放洋蔥燒，太麻煩了，自從婆婆在民國 74、75 年左右，從日本帶回了最新產品「House」品牌的日式咖哩塊後，做這道菜就簡單多了，婆婆也因孫子愛吃，每次去日本都一定要帶咖哩塊返國。

雞肉醃入味，再將洋蔥、馬鈴薯、胡蘿蔔炒香，下雞肉及水煮熟、才加咖哩塊入鍋，簡單方便就能煮出一鍋香噴噴的咖哩雞，我也只有用這道菜，才有辦法騙兒子吃下胡蘿蔔。House 咖哩塊的味道調得正好：一盒配5 杯水、半盒就兩杯半水。別的調味料都不必加！稍偏日本風，祖孫都愛。也只有這道菜，家裡不會挑剔我沒選用土雞來做，因為這樣的做法一般洋雞或半土雞都能湊合！

憶起兒子小時候，奶奶一下班回家，祖孫兩人就坐在一起泡奶茶，他還一直以為稱它「奶」茶，因為是奶奶泡的！有一天婆婆出國，小東西跑上三樓討奶茶喝、才突然想到奶奶不在！悵然若失的回到房裏對我說：「奶奶不在！你泡杯『媽茶』吧！」現在在 Google 上班的兒子，住在Mountain View 的寓所廚房裡，別的沒有，但一定會有 HOUSE 咖哩塊！儘管每天公司都提供許多美食，有時他自己還是會下廚煮他一鍋奶奶的咖哩雞，或許這就是他自己一解思念奶奶的方法吧？！

131

材　料：雞腿 2 支、馬鈴薯 1 個、胡蘿蔔 2 支、洋蔥 ½ 個、大蒜屑 1 大匙

醃雞料：醬油 1 茶匙、太白粉 1 茶匙，水 1 茶匙

調味料：HOUSE 咖哩塊半盒、水 2½ 杯

做　法：

1. 雞腿剁成小塊，洗淨、拌上醃雞料醃入味。

2. 馬鈴薯切成大的滾刀塊；胡蘿蔔去皮切滾刀塊；洋蔥切寬丁。

3. 用 2 大匙油炒香洋蔥丁和大蒜末，再加入雞塊炒香，取出雞塊，鍋中加入水，煮滾後加入馬鈴薯和胡蘿蔔，改小火煮約 20 分鐘，雞塊入鍋續煮 10 分鐘。

4. 加入咖哩塊，煮至咖哩塊全部融化即可。

怎能缺少馬鈴薯

馬鈴薯又稱洋芋，大陸北方人把馬鈴薯叫土豆，當成重要食糧，公婆都是東北人，所以，我們家非常愛吃馬鈴薯。但我娘家是廣東南方人，本來並不常吃馬鈴薯，直到在空軍任職的父親，到過美國鳳凰城受訓回國後(1964)，經常學做炸薯條、薯餅給我們小孩吃，讓我們很早就接觸 French fries －炸薯條，但當時我們還笑老爸崇洋。

馬鈴薯的品種很多，澱粉含量多的品種煮後容易煮鬆軟，所以烤馬鈴薯都選自愛達荷州。煮馬鈴薯的重點是，不要常去翻動它，以免破碎，最後可以關火再燜一下，會更入味。

馬鈴薯有許多中式做法，我最愛吃兒時媽媽快炒的湖北醋烹洋芋絲，爽脆滑香又清淡！西式的馬鈴薯沙拉、咖哩雞都需要馬鈴薯做為必不可少的配角。請客時人多的話，為節省成本也可用馬鈴薯泥加絞肉再裹上麵粉、拖一層蛋汁、再沾上麵包粉，炸成金黃酥脆的馬鈴薯球，一人一球，好吃方便，有飽足感又經濟實惠。

近年來，提倡吃鹼性食物有助身體健康，馬鈴薯就是鹼性食物，內含有碳水化合物、蛋白質、礦物質、維生素等營養，聽中醫朋友說，腸胃不適、十二指腸潰瘍、習慣性便秘、皮膚濕疹的人，都不妨多吃。或許我們家就是因愛吃馬鈴薯，大家的身體都很不錯。

133

婆家四代同堂，爺爺、奶奶、公公、婆婆都愛吃馬鈴薯，絞肉馬鈴薯、馬鈴薯燒肉、葡國雞、洋芋沙拉都是每一上桌，就吃個精光的菜；這些菜也是孩子們帶便當、颱風菜價高昂時最好的選擇。

馬鈴薯大補帖：
小心馬鈴薯發芽！

根莖類的馬鈴薯非常耐存放，倒不用放進冰箱佔地方，只要儲放在避光通風處，可以保存相當長一段時間，是很好的備戰存糧。

但馬鈴薯一旦發了芽，千萬不要捨不得丟，因為芽眼含有龍葵素，會破壞血紅細胞，造成腸胃炎。但如果發芽不嚴重的話，可將芽眼挖深一點除去，再削去發綠的部份，放在冷水中浸泡一小時左右，還是可以食用。

馬鈴薯蛋沙拉

材　料：馬鈴薯 2 個、蛋 6 個、火腿片 4~5 片
　　　　胡蘿蔔小段、小黃瓜 1 支
　　　　美乃滋 4 大匙

調味料：鹽 1/2 茶匙、胡椒粉少許

做　法：

1. 馬鈴薯、胡蘿蔔和蛋洗淨，放入鍋中加水同煮，7~8
　分鐘取出胡蘿蔔、12~13 分鐘取出蛋、30 分鐘時
　以筷子插入馬鈴薯，能穿透代表已夠軟，即可取出。

2. 馬鈴薯剝皮，用叉子壓成碎塊（也可以切成小丁）；
　胡蘿蔔切指甲片；蛋白切碎；蛋黃壓碎；火腿片切丁，
　4 種材料都放入一個大碗中。

3. 黃瓜切片，用少許鹽醃一下，擠乾水分，也放入大
　碗中。

4. 將美乃滋、鹽和胡椒粉加入碗中調勻，做成馬鈴薯
　沙拉。

脆炒土豆絲

材　料：馬鈴薯 300 公克、青椒絲少許
　　　　乾紅辣椒 1 支、花椒粒 1 茶匙

調味料：鹽 1/2 茶匙、醋 2 茶匙

做　法：

1. 馬鈴薯削皮，切成細絲，泡在冷水中漂去澱粉。

2. 燒開半鍋水，放下馬鈴薯快速川燙一下即撈出。
　另起油鍋，用 2 大匙油爆香花椒粒，撈棄，再放
　入切絲的乾辣椒和馬鈴薯絲，大火快炒，撒下鹽
　炒勻。

3. 沿鍋邊淋下醋，再撒下青椒絲，炒勻即可。

烹飪要訣　＞　要炒出清脆的馬鈴薯絲，記得將切好的馬鈴薯絲浸泡在冷水中，徹底漂洗去多餘的澱粉。

馬鈴薯燒肉

材　料：梅花肉（可加部分五花肉）600 公克（切塊）
　　　　馬鈴薯 2 個（約 500 公克）

辛香料：蔥 3 支、八角 1 顆、大蒜 1 粒（輕拍裂）

調味料：酒 3 大匙、醬油 5 大匙、冰糖 1/2 大匙

做　法：

1. 鍋中燒熱 2 大匙油，放入肉塊炒至肉的外層變
色，放下辛香料再同炒，淋上酒和醬油煮滾，加
入水 3 杯，再煮滾後改小火，燒約 30 分鐘。

2. 馬鈴薯削皮、切成大塊，放入紅燒肉中，同時加
冰糖拌勻，蓋上鍋蓋，以小火再燒約 30 分鐘。

3. 以筷子試肉和馬鈴薯是否已夠軟。

絞肉馬鈴薯

材　料：絞肉 150 公克、馬鈴薯 450 公克
　　　　蔥花 2 大匙

調味料：醬油 1 大匙半、鹽酌量

做　法：

1. 馬鈴薯削皮切成絲。

2. 起油鍋用 3 大匙油炒散絞肉，待絞肉成顆粒狀，
加入蔥花同炒，淋下醬油炒一下。

3. 加入馬鈴薯絲和水（蓋過馬鈴薯），煮滾後改小
火，蓋上鍋蓋煮約 15 分鐘至馬鈴薯已夠軟爛，
加鹽調味即可。

烹飪要訣 > 炒菜時用絞肉先炒香，以增加香氣和
鮮味，是最方便的方法，不必添加太
多人工甘味。

蠔油鮑魚片

「蠔油鮑魚片」要做出充滿蠔油的鮮美滋味，有道手續絕對不能省。

蠔油、番茄醬、芝麻醬、沙茶醬、辣豆瓣醬、甜麵醬是我家常備的方便醬料。

蠔油，顧名思義是用生蠔去提煉製成的，蠔的學名是牡蠣，上海人稱為蠣黃，也就是本省人稱的「蚵仔」，用來釀製蠔油的蠔，非常肥碩，與生食的品種不同，大部分是養殖在珠江三角洲一帶，對我們來說，蠔油是醬料而非沾料，也就是說，蠔油是調味品不是沾醬。除非經過蔥、薑以熱油爆過除腥，才夠資格稱為沾醬。

我家用蠔油調味，一定要經過蔥、薑爆過，才會去除腥氣，切蠔油鮑魚片要吃到西生菜以油水燙後的軟中帶脆、鮑魚片滑嫩的口感及蠔油的提鮮效果，用來請客叫好叫座、三種特色缺一不可。

尤其鮑魚片滑刀法是婆婆很注重的；上過她課的學生都知道：切鮑魚片時得一刀到底滑下去、口感才滑中帶韌勁兒，切忌使刀切拉來拉去，那叫鋸，不算切！鋸出來的鮑片有鋸紋，怎能嫩滑軟韌？而且也不好看！

在生產蠔油而富盛名的澳門，有一條街上幾乎全是賣蠔油的。因應現代食品的健康訴求，現在的蠔油已不似從前那樣重鹹，但因為品牌的不同，其鹹度仍有差異，烹調前應先嚐過、再加少量的糖或醬油來中和。同時蠔油是釀製的醬料，在開瓶後要放入冰箱中存放，以免發霉，保存期限也是要注意的。

這道菜省時好吃，所以常用來請客時充作一道大菜，除了蔥、薑熱油爆過除腥的蠔油外，最好還要選墨西哥車輪鮑！當然也可以加些蛋餃、香菇、冬筍、鵪鶉蛋、青梗菜心等，變做一道全家福。但是因公公吃菜喜歡料純味正，不愛雜七雜八的瞎攪和，所以還是蠔油鮑片扒西生菜最佳，正所謂：惡紫之奪朱也！

材　料：罐頭鮑魚 1 罐、西洋生菜 1 球

調味料：酒 1 大匙、清湯 1 杯、蠔油 3 大匙、醬油 $\frac{1}{2}$ 大匙、糖 $\frac{1}{2}$ 茶匙
　　　　太白粉水 1 大匙、麻油 $\frac{1}{4}$ 茶匙

做　法：

1. 將生菜剝除老葉，洗淨並切成大片。鍋中煮滾 3 杯水，加入油 2 大匙和鹽 1 茶匙，待水沸滾後，生菜放入水中，燙約 10 秒鐘即可撈出，瀝乾水分排列在菜盤中。

2. 罐頭鮑魚取出後，橫面切成大圓片。

3. 鍋中加熱 2 大匙油，淋下 1 大匙酒，加入蠔油、醬油、糖等調味料爆香，隨即注入 1 杯鮑魚罐內之湯汁及半杯清湯。

4. 待湯沸滾時，將鮑魚片落鍋，燴煮一滾，隨後淋下太白粉水，邊加邊攪動，見湯汁呈濃稠狀，即可澆下麻油。

5. 將鮑魚片堆排在盤中生菜上面，再淋下湯汁便可上桌。

胡蔥鴨湯煨麵

江浙麵點煨麵，具有麵條濃郁、軟綿的特色，非常適合老人和小孩，

因做工繁複，市面上較少見，卻是很獨特、味道很雅緻的麵點。

煨麵的口味眾多，其中胡蔥鴨湯煮的煨麵，

蔥開煨麵、雞湯煨麵、雪菜煨麵、胡蔥鴨湯煨麵，都是家裡常吃的麵點，其中又以胡蔥鴨湯煨麵，一菜兩吃，最為特別。

這道麵點做工比較繁複，鴨子醃醬油炸上色，不會出血水之後，用大蔥爆香後放入鴨慢燉；先吃鴨肉，再煮煨麵，因為鴨肉具有獨特的香氣且耐味，而且鴨肉脂肪含量低，入口清爽，食後也沒有油膩感。麵條先燙過水之後，才放進湯裡，用慢火煨熬，待湯汁滲進麵條裡，麵條吸滿了醇香的氣味，怎會不迷人呢！

胡蔥鴨湯煨麵不管是香嫩的鴨肉、鮮醇的湯頭，還是細緻軟糯的麵條，都讓人深深著迷，相信照著食譜試過的人也一定會愛上它。

材　料：鴨 1 隻、大蔥 1 支或青蔥 10 支、酸菜小半棵、麵條 300 公克
調味料：醬油 5 大匙、酒 2 大匙、開水 8~10 杯、鹽適量

做　法：

1. 將鴨洗淨，擦乾水分，用醬油將鴨皮浸泡 10 分鐘，以使鴨皮能沾上醬油顏色。
2. 將 3 杯炸油燒熱，放下鴨子、以大火油炸，待鴨的表皮成為很均勻的褐色時撈出，或用 1/2 杯熱油慢慢把鴨皮煎黃。
3. 大蔥（或青蔥）切長段；酸菜洗淨，外層大葉子剝下、切成大塊，酸菜心的部分切成斜片。
4. 用 2 大匙油將大蔥煎香，淋下酒和剩下的醬油，注入開水、放下鴨子和大塊酸菜，煮滾後，移入砂鍋內，以小火燉煮 2 小時左右。
5. 再放入酸菜心的部分，續煮至鴨肉夠爛（約半小時以上）。
6. 鴨子先上桌，吃一部分後再加入燙煮過的麵條，繼續把麵煨煮至喜愛的軟爛度，再酌量加鹽調味，再上桌供食。

烹飪要訣 >　煨麵的關鍵是湯濃郁但不能有生粉味，選用的細拉麵一定要先燙一次，不點水只是燙一下，水要多、要滾，因為這樣燙過才不會出粉，就不會有生麵的味道，然後再放回湯裡煨煮。

干貝大白菜麵疙瘩

撥疙瘩的過程很好玩，盆子裡放麵粉，接在水龍頭前，將水龍頭控制到最小的水量，等著小水滴滴滴答答到麵粉裡，會把麵粉聚結在一起，另一隻手就快快用筷子一直撥動麵粉塊，把它撥出比小指甲片還小的麵疙瘩。要是水滴大了、一時撥不散疙瘩，就移開一下撥撥散；再回頭到水龍頭下撥動麵粉成小疙瘩。

每次做麵疙瘩、煮麵疙瘩，我都非常謹慎仔細，因為公公婆婆要求的標準是：湯清味鮮、疙瘩要輕小且粒粒分明。如果疙瘩做得太大，還得挪開麵碗、再將大團的疙瘩掰開成小粒。湯煮得太濁時，公公還會唸叨：「我不愛喝漿糊」。

公公得糖尿病，每天少吃多餐、一共 6 頓；一餓起來，要趕快煮東西給他老人家吃，麵疙瘩可以隨時做、隨時吃、量多量少好控制，食材亦豐儉由人！公公吃干貝，我們可以吃蝦仁或素料。要是人多量大、煮的時候想要湯不渾沌，就得先把麵疙瘩在熱水中川煮一下，把生麵味煮掉，澱粉也涮掉一半以上，就能湯清味鮮萬無一失了。如果只是煮一碗的小量就不必另經川燙的過程。

孩子們唸小學的時候，從金華小學放學回來，先回到我們在永康街的烹飪補習班，寫寫功課等我和婆婆下班，帶他們回山上—迎旭山莊老家。此時離晚飯時間尚早、孩子們肚子又有點餓，為了不會吃得過飽影響晚餐食慾；最好的辦法就是來一碗疙瘩湯！

材　　料：干貝 2 粒、大白菜 150 公克、蛋 1 個、蔥花 1 大匙、麵粉 ⅔ 杯
調味料：醬油 2 茶匙、鹽適量

做　法：

1. 干貝放在碗中，加水、水要蓋過干貝約 1 公分，蒸 30 分鐘，涼後略撕散。

2. 麵疙瘩的做法：把麵粉放在大一點的盆中，水龍頭開到非常、非常小的流量，慢慢的滴入麵粉中，一面滴、一面用筷子攪動麵粉，將麵粉攪成小疙瘩，入滾水中川燙煮熟後瀝出。

3. 白菜切絲；蛋打散。

4. 鍋中用 1 大匙油炒香蔥花及干貝絲，放入白菜同炒，見白菜已軟，加入醬油，再炒香，加入水 3 杯（包括蒸干貝的汁），煮滾。

5. 加入熟麵疙瘩，煮滾後改小火再煮一下，至麵疙瘩已全熟，加鹽調味，最後淋下蛋汁便可關火。

因為疙瘩個頭小，所以入味！疙瘩個頭小口感夠勁道！非一般家庭的撥魚兒口感可比；我們家的疙瘩湯和外頭不一樣，老奶奶教我兩樣絕活，「撥麵疙瘩」是其中之一。

烹飪要訣 ＞煮麵疙瘩的重點如下

煮的時候直接把麵疙瘩放入湯中，盡量分散開來放，同時邊放邊攪動，以
免麵疙瘩黏在一起。

煮麵疙瘩時以中火煮，以免湯汁糊化。煮的時間依麵疙瘩大小而定，基本
上煮到麵疙瘩有透明感、沒有白麵心即可。

湯汁另盛入小碗中，量的多少依個人喜好而定，就是一定要熱騰騰的上桌。

■ 後記
廚藝增加一甲子功力！

　　雖然我當美食記者期間，分別採訪安琪老師和慧懿老師多次，但那只是為報紙或雜誌，做幾道菜的示範，從中未能深刻體會出她們的厲害之處，直到企劃製作這本「家傳菜」食譜書，我才真正見識到兩位姐姐的深厚功力，且好玩的是，她們邊做，回憶還不斷湧現，有些菜的做法，兩位傳人又各有深刻的記憶。

　　我想，如果把她們的記憶庫再整理一遍，或許我可編寫出「家傳菜」二部曲喔！

雞鬧豆腐回憶特別多

　　以雞鬧豆腐來說，這次是用安琪姐的食譜，不過她又補了妹妹美琪記得的味道，而慧懿姐回美國後，也想起了做這道菜時，爺爺奶奶和她說過的往事，不辭辛苦又打了一篇文字給我，但內文實在放不下了，只好放在這篇後記中，把慧懿姐因這道菜想念台灣的心情，表現出來！

　　慧懿姐寫道：「雞鬧豆腐裡沒有雞！有雞子（蛋）！爺爺和奶奶經過文化大革命，是苦過來的人，特別惜福，最喜吃的就是這道家常菜，以前窮苦、曾經家族中女性餓到瘦得都閉經了、能有豆渣炒雞子兒（雞蛋）都是奢侈、更遑論現在能以豆腐炒蛋還加蝦皮？那滋味兒可不是『美死啦』！奶奶教我做這道菜時，加許多香菜，颱風天過後，香菜貴又少，我只加一點香菜，奶奶弄不清楚狀況，但吃得出來、還嫌做得不

夠好呢！旅居國外豆腐都是盒裝，回憶起來，還是台灣的傳統豆腐香啊！」

傳承手藝也傳承堅持的精神

　　在兩天拍照期間，看到她們熟練的身手，做出的宴客菜、家常菜、麵點，無一不是口感足、味道正。早就知道，傅培梅老師寫的食譜，每道菜要加多少調味料、煮多少時間，都是一絲不苟實做出來的結果，且試過味道後，再做改進調整，務必做到對自己的食譜配方負責，讓學做的人能照著成功做出好味道。

　　安琪姐和慧懿姐，對食譜製作的精神和態度，也是一樣嚴謹；當我發現慧懿姐做的咖哩雞，忘了放馬鈴薯，她就堅持再做一次，而不是認為拍照看不出來，把馬鈴薯放進菜中充數，她們傳承的家傳菜，除了擁有好味道，我覺得最可貴的就是這股堅持的精神。

　　由於時代的變遷，大家對於健康的重視，也讓安琪老師、慧懿老師在有些道菜式的做法和調味上有所調整，不那麼重油重口味，但依然有好味道。我在觀看整個烹煮示範過程，巨細靡遺地紀錄做法後，常向朋友自誇：「本人的廚藝增加一甲子功力！」

　　或許是受到薰陶吧，最近我超享受做菜的愉悅感，尤其炒出來香噴噴的下飯菜，一下子被丈夫、兒子掃個精光，那成就感豈一個「爽」字了得！（潘秉新／文）

因為有愛 無比梅好
日光小林 感謝有您

·產自小林村的青梅。

2009一場痛徹心扉的災難，四年來一股重建堅持的力量；2012來自家鄉傳奇的禮物，如今，帶來無窮的希望。

四年前的莫拉克水災，把高雄縣甲仙鄉獻肚山下470多位小林村鄉親帶走了，倖存的村民堅持要把小林村蓋回來、小林人生回來。他們從一無所有、身心俱創，現住進永久屋、創立「日光小林」品牌、更成為勞委會培力計畫的模範。從百廢待舉到氣象一新，小林人努力站起來了！

尤其產業重建部份，民間團體像接力一樣，一棒接一棒的投注資源；先由「八八水災服務聯盟」三年多前輔導推出的「小林梅」，得到的收益讓災民看到產業新契機，原本以為全被土石流沖走的小林老梅樹，卻在一段傳奇得不能再傳奇的過程，於2012年八月八日，「百格利公司」董事長簡添旭，把2002年購自小林村的青梅，經過十年陳釀而成的老梅膏，交到「八八水災小林村重建發展協會」會長蔡松諭的手中。而這段傳奇的連結，就是「傅培梅飲食文化教育基金公益信託」。

從2011年傅培梅公益信託開始對小林村重建產業投入關注、積極協助，邀請烘焙名師輔導小林村烘焙班，使其產品增加質感。2011年中秋節的禮盒，由於美瑞老師協助小林村製作的手工果醬，得到相當好評，為小林村的產業發展打下一個基礎。

雖然小林村永久屋蓋起來了，但對村民來說，還有一條漫長的心靈重建和產業開發道路要走。傅培梅公益信託成為小林村產業開發的顧問，執行長潘秉新也積極想為小林村民找到足以安居樂業的明星產品。潘秉新從業界得知，新產品老梅膏的獨一無二、健康美味，已對其充滿好奇，當她又得知業者十年前所採購的梅子，幾乎全來自小林村時，頓時閃進一個念頭，相信老梅膏有機會成為幫助小林村產業發展的力量。

·十年陳釀的老梅。

以日本獨家技術，結合東西方養生飲食精髓而成；泛著黑色光澤、散發天然梅甘香味的老梅膏，是把小林有機青梅經過十年精漬，再加入進口的義大利十年陳醋，製作出不添加防腐劑、人工甘味，無任何有毒重金屬和農藥殘留檢驗，天然健康、美味養生的老梅膏，可當飲料、沾醬，亦可入菜。2012年又經傳培梅公益信託邀請烘焙名師孟兆慶老師，把老梅膏入餡，輔導研發的「老梅餅」，入口皮薄細酥、內餡飽滿，梅甘微酸、香而不膩，一推出即大受歡迎。

小林人相信終究要靠故鄉的產物站起來。

除了日光小林要欣欣向榮，整個莫拉克颱風對台20、21線道，包括小林村、桃源、那瑪夏等地的部落，都要重建繁榮。由災區青年奔走，於2013年8月成立的「2021社會企業」，非常希望透過獨一無二的十年老梅產品：老梅膏、老梅果醬、老梅餅，打造老梅經濟園區產業鏈，讓大高雄台20、21線區域，成為台灣全新的梅業新亮點。

籲請關懷小林村的好朋友，繼續支持2021，讓全世界看見，台灣受創最深的災區，以創立社會企業並努力回饋社會的「新台灣奇蹟」！

· 老梅膏泛著黑色光澤、散發天然梅甘香味。

· 老梅餅皮薄細酥、內餡飽滿，梅甘微酸、香而不膩。

無比梅好老梅產品　2021社會企業　訂購專線：07-553-1939　傳真：07-552-1449　圖片攝影 強振國

傅培梅的家傳菜

烹飪名師傅培梅家裡最愛吃的菜，傳承三代的好滋味。

作　　者	程安琪、林慧懿		製　　版	興旺彩色印刷製版有限公司
攝　　影	張志銘		印　　刷	明煌印刷股份有限公司
文字統籌	潘秉新			
封面設計	洪瑞伯		初　　版	2013 年 9 月
美術設計	王欽民		一版三刷	2016 年 3 月
			定　　價	新臺幣 380 元
發 行 人	程安琪		I S B N	978-986-6062-51-3（平裝）
總 策 畫	程顯灝			
總 編 輯	呂增娣			
主　　編	李瓊絲			
編　　輯	鄭婷尹、陳思穎			
	邱昌昊、黃馨慧			
美術主編	吳怡嫻			
資深美編	劉錦堂			
美　　編	侯心苹			
行銷總監	呂增慧			
行銷企劃	謝儀方、吳孟蓉			

發 行 部　侯莉莉
財 務 部　許麗娟
印　　務　許丁財
出 版 者　橘子文化事業有限公司

總 代 理　三友圖書有限公司
地　　址　106 台北市安和路 2 段 213 號 4 樓
電　　話　(02) 2377-4155
傳　　真　(02) 2377-4355
E ─ mail　service@sanyau.com.tw
郵政劃撥　05844889 三友圖書有限公司

總 經 銷　大和書報圖書股份有限公司
地　　址　新北市新莊區五工五路 2 號
電　　話　(02) 8990-2588
傳　　真　(02) 2299-7900

國家圖書館出版品預行編目(CIP)資料

傅培梅的家傳菜 / 程安琪, 林慧懿著 .-- 初版 .--
臺北市：橘子文化, 2013.09
面；　公分
ISBN 978-986-6062-51-3(平裝)

1.食譜

427.1　　　　　　　　　　　102016750